MÉMOIRE

SUR

LA CULTURE DES PINS.

MÉMOIRE

SUR

LA CULTURE DES PINS,

Et sur leur Aménagement, leur Exploitation,
et les divers emplois de leur bois;

Par Louis-Gervais DE LA MARRE,

Propriétaire-Cultivateur-Forestier.

A PARIS,

DE L'IMPRIMERIE DE MADAME HUZARD,

(Née Vallat la Chapelle),

Rue de l'Éperon Saint-André-des-Arts, n°. 7.

1820.

AVERTISSEMENT.

Sur les Autorités citées.

Je cite si souvent les opinions des personnes dont j'ai étudié les ouvrages, que, pour éviter les répétitions, j'ai dû me borner à la citation de leurs noms, sans ajouter la dénomination des ouvrages, quoique plusieurs de ces personnes en aient enrichi la Société d'un grand nombre.

Il faut donc, pour me rendre intelligible à cet égard, indiquer quels sont ces ouvrages, pour le cas où on voudrait vérifier l'exactitude de mes citations, ou en connaître les développemens.

En citant Bernard Palissy, c'est le Recueil de ses œuvres, par M. Faujas de

Saint-Fond, que j'avais sous les yeux; il forme un gros volume in-4°. A Paris, chez Ruault, 1777.

Pour M. de Buffon, c'est le tome II du supplément à son Histoire Naturelle, partie expérimentale, in-4°., de l'Imprimerie royale, 1775.

Pour M. Duhamel Dumonceau, c'est son Traité des semis et plantations d'arbres, un volume in-4°. Paris, chez la veuve Desaint, 1780.

M. Bosc, de l'institut : c'est le Nouveau Cours complet d'Agriculture théorique et pratique, en 13 forts volumes in-8°. Paris, chez Deterville, 1809.

M. Yvart : c'est le même ouvrage que celui précité pour M. Bosc.

M. de Perthuis fils : c'est aussi le même ouvrage.

M. Féburier : c'est également le même ouvrage ; et son Essai sur les phénomènes de la végétation, un volume in-8°. Paris, chez Madame Huzard, 1812.

M. l'abbé Rozier : c'est encore le même ouvrage, et aussi le Cours complet d'Agriculture pratique, d'économie rurale et domestique, en 6 volumes in-8°. Paris, chez Buisson, éditeur, 1809.

M. Varenne de Fenille : c'est le Recueil de ses œuvres en trois parties, imprimées in-8°., en 1807 et 1808. A Paris, chez Marchant.

M. de Malesherbes : ce sont des Mémoires rédigés par lui et insérés en la deuxième Partie de ces œuvres de M. Varenne de Fenille.

M. de Turbilly : de la Pratique des défrichemens, 4me. édition, un vol. in-8°. A Paris, chez Marchant, 1811.

M. Plinguet : Traité sur les reformations et les aménagemens des forêts, un vol. grand in - 8º. A Orléans, chez Jacob l'aîné, 1789.

M. de Perthuis père : Traité de l'aménagement et de la restauration des bois et forêts de la France, un vol. in-8º. A Paris, chez Madame Huzard, 1803.

M. Juge de Saint - Martin : Traité de la culture du chêne, un volume in-8º. A Paris, chez Cuchet et Royez, 1788.

M. de Tschudi : Traité des arbres résineux conifères, extrait et traduit de l'anglais de Miller, un vol. in-8º. A Metz, chez Collignon, 1768.

M. Noirot : 1º. de l'Aménagement et de l'exploitation des forêts qui appartiennent aux particuliers, un vol. in-12. A Paris, chez Arthus Bertrand, 1812 ; 2º. Considérations sur les forêts, Paris, *idem*. 1819.

M. Fanon : 1º. des Causes du dépérissement des forêts, à Paris, chez Marchant, 1806; 2°. Supplément, chez le même, 1811.

M. Lintz : Dissertations forestières. Trèves, 1808.

M. Datty : des Plantations, de leur nécessité, etc. ; un vol. in-8°. A Arles, chez Gaspard Mesnier, 1805.

M. Chevalier : Restauration et aménagement des forêts et des bois particuliers, un vol. in-12. A Paris, chez Delance, 1806.

M. de Burgsdorf, traduit par M. Baudrillart : Nouveau Manuel forestier, 2 vol. in-8°. A Paris, chez Arthus Bertrand, 1808.

M. Hartig, également traduit par M. Baudrillart : 1°. Instruction sur la culture des bois, un vol. in-12. A Paris, chez Levrault, Schoel et Compagnie, 1805 ; 2°. Expériences..... de combustibilité des bois entre eux. A Paris, chez Arthus Bertrand, 1807.

M. Fornaini, traduit par M. des Acres-Fleurange. Paris, 1813.

M. Arthur-Young : ses Voyages en France, 2me. édition, 3 vol. in-8°. Paris, chez Buisson, 1794.

M. de la Rochefoucauld-Liancourt : son Voyage dans les Etats-Unis d'Amérique, 8 volumes in-8°. A Paris, chez Dupont, Buisson et Pougens, 1799.

M. Say : Traité d'économie politique, 2me. édition, 2 vol. in-8°. A Paris, chez Renouard, 1814.

Je ne cite pas dans cette énumération, et j'ai beaucoup à regretter de ne m'être pas aidé des lumières répandues par M. Dralet sur la science forestière. Malheureusement pour mon instruction, lorsque je voulus, il y a un bon nombre d'années, me procurer à la librairie d'agriculture de Marchant, et chez Arthus Bertrand, le Traité de l'Aménagement des bois et forêts de

M. Dralet, l'édition en était épuisée, et les recherches que je fis faire alors pour m'en procurer un exemplaire, furent infructueuses. J'ai mis au nombre des études que je me propose de continuer, la lecture et la méditation de cet ouvrage, que je viens enfin d'acquérir; je ne regrette pas moins vivement de n'avoir pas connu plus tôt qu'au moment présent pour l'étudier, le Traité des forêts d'arbres résineux, que M. Dralet a fait imprimer à Toulouse, en la présente année 1820, et qui se trouve à Paris, chez Madame Huzard, d'autant plus que j'ai à y puiser des choses bien utiles sur le meilleur aménagement des bois de pins. Ce que M. Dralet dit aux pag. 143 à 159, et ailleurs, sur la quantité des sujets résineux susceptibles de prospérer sur un hectare d'étendue superficielle de terrain, est si différent de ce qu'on pense, et de ce que j'ai vu dans le Maine, les environs de

(xij)

l'Aigle, au Bois David et ailleurs, que j'ai
besoin, pour ne pas rester dans une erreur
aussi capitale, d'aller étudier la chose dans
quelques-unes des nombreuses localités
citées par M. Dralet, et j'ose assez espérer
de sa bienveillance pour croire qu'il m'en
accordera les moyens, que j'aurai l'honneur de solliciter auprès de lui, lorsque je
serai en mesure de réaliser le projet dont
j'ai parlé au chapitre X, relativement aux
sapins des Vosges, dont les aiguilles plus
nombreuses, et placées plus horizontale-
ment que dans les pins, laissent moins de
passage à la lumière, et par conséquent à
l'air et à la chaleur, qu'en laissent les aiguilles des pins.

Sur les mesures agraires.

J'exprime les mesures agraires de plusieurs manières ; il convient donc qu'on
sache qu'après l'hectare, qui est la mesure

d'unité, l'acre, qu'il m'arrive de citer au chapitre XIV, est celle en usage dans la contrée du département de l'Eure où je cultive. Elle équivaut à presque 75 ares, ou aux trois-quarts d'un hectare. L'arpent royal, autrement dit l'arpent d'ordonnance, et l'arpent des forêts, dont je parle au même chapitre et ailleurs, équivaut à 51 ares passés, ou à un peu au-delà d'un demi-hectare. Enfin, l'arpent parisien, que je cite également, équivaut à 34 ares passés, ou à un grand tiers d'hectare.

Sur les mesures linéaires, de capacité, etc.

Le pied dont je parle au chapitre III et autres, est celui dont 3 équivalent presque à un mètre.

Le pouce dont je parle au chapitre V et autres, est celui dont il faut 12 pour composer le pied précité.

Le boisseau mentionné en ce chapitre V, est celui dont la capacité comporte en grains de blé, un poids de 20 livres anciennes, ou environ 10 kilogrammes.

La livre dont je parle en ce même chapitre V et au XIIe., est celle de 16 onces, dont 2 équivalent presque à un kilogramme.

Sur le mesurage de la grosseur des arbres.

C'est à la hauteur de 4 pieds au-dessus du sol, que j'ai uniformément pris leur mesure, selon ce que M. Varenne de Fenille a pratiqué dans ses expériences sur le grossissement annuel des arbres.

MÉMOIRE

SUR

LA CULTURE DES PINS,

ET SUR

LEUR AMÉNAGEMENT,

LEUR EXPLOITATION,

ET

LES DIVERS EMPLOIS DE LEUR BOIS.

CHAPITRE PREMIER,

OU

INTRODUCTION.

J'AI toujours été frappé de ces belles expressions de *Xénophon*, rapportées par M. Juge de Saint-Martin, à la fin de la préface de son *Traité de la culture du Chéne* : « Quand il nous arrive de » réussir, notre plus grande joie est de déclarer,

» à ceux qui veulent le savoir, les moyens dont
» nous nous sommes servis (1). »

On peut dire, en l'honneur de l'humanité,
que ces beaux sentimens ont été mis en pratique d'une manière universelle par tous ceux
qui ont écrit sur l'agriculture. En effet, lorsque
M. de Buffon, M. Duhamel-Dumonceau, M. de
Malesherbes, M. Varenne-Fenille, et tant d'autres
personnes (M. Victor de Musset, en sa *Biblio-
graphie agronomique*, page 17 du Discours pré-
liminaire, porte le nombre des ouvrages sur
l'agriculture, publiés dans le dernier siècle, à
1,214, en observant que l'énumération qu'il en
donne, et que par conséquent ce nombre, est
incomplet) ont publié leurs connaissances sur
la science agricole; lorsque toutes ces personnes
ont communiqué au public, par la voie de l'im-
pression, les expériences qu'elles ont faites sur
cette branche des innombrables connaissances
humaines, elles étaient animées des mêmes sentimens que ceux professés par *Xénophon*; et,
j'aime à le répéter à la louange du temps actuel,

---

(1) Ce passage des *OEuvres de Xénophon* est rapporté en
d'autres termes dans son *Économique*, traduite par Dumas,
pages 182 à 184; 1 vol. in-12, Paris 1768.

Et il est traduit différemment encore par **M. J. B. Gail**,
page 584 du tome VI de sa traduction.

cette conduite, qui n'est pas exclusive à la science agricole, comme cet auteur atteste que c'était de son temps, mais qui seulement lui est plus particulière, est assez honorable aux hommes pour être rappelée à l'occasion de la publicité que je donne aux connaissances que j'ai pu acquérir sur les moyens d'augmenter une branche de richesses d'une façon telle que, peut-être, la difficulté n'existe pas dans le moyen de créer ces richesses, mais qu'elle existe plutôt dans la crainte de les produire en trop grande abondance.

J'ai acquis, depuis plus de quinze ans que j'étudie, que je cultive des bois, et que j'en visite sur divers points de la France, quelques connaissances théoriques et pratiques sur ce qu'on appelle la science forestière.

Je sens qu'après en avoir fait mon profit personnel, j'éprouverai plus fortement qu'aujourd'hui le besoin d'en faire également profiter mes concitoyens. J'aperçois avec un grand plaisir, dans l'avenir, la possibilité d'indiquer les moyens d'utiliser, d'une façon extraordinairement avantageuse, comme on le verra au Chapitre XIV, les milliers d'arpens de terrains incultes du département de l'Eure, où j'ai mes propriétés, et où je

(4)

crée des bois. Je me réjouis sur-tout de l'espérance d'être en état, comme je suis en disposition,
de fournir les moyens pécuniaires nécessaires
pour former le noyau de cette création considérable de richesses.

Mais j'ai besoin du temps, qui agit tout-à-la-
fois si lentement et si sûrement, pour mûrir
mes idées, pour acquérir plus d'expérience, et
pour que ma culture personnelle ait l'avantage
de parler aux yeux et aux sens. Ce ne sera que
dans dix à douze ans d'à-présent que je pourrai
mettre au jour les idées qui m'occupent sur les
moyens de créer *utilement* des richesses sous les
différens rapports de la production, des moyens
d'occupation pour la classe ouvrière, et de la
morale.

Dans l'état actuel de mes connaissances, je
puis déjà ajouter quelque chose aux lumières
publiées par M. de Buffon, M. Duhamel-Dumonceau, M. de Turbilly, M. de Malesherbes,
M. Varenne-Fenille, M. Bosc, et beaucoup
d'autres personnes, sur la culture des pins, sur
leur aménagement, sur leur exploitation, et sur
les emplois de leur bois.

Les questions dont on m'a honoré, notamment sur cette culture, me déterminent, pour y
répondre, à publier dès aujourd'hui, mais seu-

lement à cent exemplaires, le Mémoire que, dans l'état présent de mes connaissances, j'ai rédigé pour mon instruction personnelle, sous ces quatre points de vue, Mémoire que je destine à être, avec les changemens que les années m'y feront faire, un des fragmens de l'ouvrage que je projette de publier vers ce laps de temps de dix à douze ans d'à-présent, sur les moyens de cultiver *utilement*, en bois, les terrains incultes du département de l'Eure.

Ce ne sera qu'alors que j'aurai occasion de développer une maxime capitale en économie politique : je veux dire qu'il est préférable, sous le triple rapport de la richesse, des moyens d'occuper la classe ouvrière, et de la morale, d'élever la production aux besoins, plutôt que d'abaisser les besoins à la production. Parmi les nombreux partisans de cette maxime toute philanthropique, je citerai M. Say, M. Noirot, M. Fanon.

Si je conserve l'opinion que j'ai acquise au moment présent par mes études, par ma culture personnelle, par mes examens dans les bois, et par les entretiens répétés que j'y ai eus avec les propriétaires, les créateurs, les consommateurs, les marchands de bois, et avec la classe d'ouvriers qui les exploite et qui les débite, je montrerai que la difficulté dans la création des bois gît moins dans les procédés de leur culture, que dans le défaut de leur consommation. Si cette opinion était fondée, elle changerait les idées qu'on a généralement sur l'insuffisance des bois en France. Cela serait différent de ce qu'on a, pour ainsi dire, universellement publié à cet égard ; et cependant cela est en harmonie avec ce que le savant, le studieux, le laborieux et le malheureux Varenne-Fenille, ainsi que son compatriote M. Noirot, ont professé, tout en témoignant l'opinion de l'insuffisance des bois comparativement aux besoins. Ce que j'aurai occasion de dire sur ce point, aux Chapitres VII et XIV, ne sera que la conséquence des règles et des calculs qu'ils ont mis au jour.

Parmi les vérités sur lesquelles on est d'accord en économie politique, je citerai celle de la nécessité reconnue de mettre la production en rapport avec la consommation. Sans leur concordance, il pourrait y avoir une surabondance aussi funeste dans ses effets, que le serait la disette ; tant il est vrai que, dans les choses humaines, les extrémités des contraires produisent les mêmes effets : car de la surabondance d'une production à la négligence de sa culture, au gaspillage de sa matière, et par conséquent à sa disette, il n'y a qu'un pas.

Si le temps, et l'expérience que j'y puiserai, ne me font pas changer d'opinion, je ferai remarquer, et dès à-présent j'aurai occasion d'expliquer au Chapitre XIV, que la différence dans la production peut être de 1 à 20 et plus, en faveur des bois résineux sur les bois feuillus, avec cette considération que ceux-ci exigent un sol plus ou moins bon, tandis que ceux-là prospèrent dans un sol plus ou moins maigre. La première de ces circonstances peut expliquer pourquoi ce n'est pas la disette, mais que c'est la surabondance qui est à craindre dans la production du bois, à partir du moment où, connaissant les avantages de sa culture, on y exercera son industrie comme on le fait dans les autres branches des occupations humaines.

Relativement à l'insuffisance généralement proclamée des bois en France, je trouve que les recherches publiées à ma connaissance jusqu'à ce jour, ne sont pas assez étendues, assez précises ni assez uniformes entre elles; ce que j'ai lu, ce que j'ai médité, ce que j'ai remarqué à cet égard, me laisse des doutes, et me porte à croire que la question est encore à résoudre.

Certainement il y a des localités où le bois est rare, où ce qui s'y en trouve est au-dessous des besoins pour le chauffage, les usines, les constructions civiles et les constructions navales ; mais il en est beaucoup d'autres où le bois surabonde, et où les propriétaires des bois ne trouvent pas à les vendre, même à bas prix.

Je ne doute pas qu'en considérant les choses sous le point de vue unique du rapport de 12 millions d'arpens royaux de bois en France, avec les 110 millions de semblables arpens que le royaume se trouve avoir en superficie, il n'y en ait assez en France, en prenant en considération, plus qu'on ne l'a fait, les plantations isolées , notamment celles éparses en arbres qui augmentent singulièrement la quantité de la matière.

Je ne doute pas même qu'en prenant aussi en considération cette circonstance, qu'une portion notable de cette étendue de 12 millions d'arpens est en clairières ou vides, de façon que probablement il y en a à peine les deux tiers de cette quantité qui soient véritablement garnis de bois, il n'y ait cependant encore de quoi satisfaire aux divers besoins de la population actuelle.

Mais, tant que les canaux projetés sur tous les points de la France ne seront pas réalisés, on ne pourra pas résoudre la question en l'envisageant sous ce seul point de vue, parce que les bois ne forment pas une marchandise transportable comme les grains et beaucoup d'autres articles de commerce.

Il faut donc, dans l'état présent de choses, isoler les divers points de la France, et les distinguer les uns des autres. Là où, comme dans les départemens de l'Est, dans quelques parties de celui de la Seine-Inférieure, il y a encombrement et surabondance de bois, il ne faut pas, à quelques exceptions près, songer à créer de nouveaux bois autrement que pour salubrifier l'air, procurer des abris, diminuer l'inconstance des saisons, prévenir l'abaissement des montagnes, et diminuer la formation des torrens qui surviennent à la suite des orages et des fontes de neiges.

C'est dans les parties de la France où, soit par ces motifs, soit parce qu'il y a insuffisance de bois comparativement aux besoins et aux moyens de débouchés, qu'il faut créer des bois. C'est pour ces localités qu'il peut être utile de connaître les moyens d'opérer cette création avec facilité, avec peu d'avances, et de façon à

hâter de beaucoup l'époque de la production ;
car cette époque est bien plus rapprochée du
moment de la création lorsque celle-ci porte
sur les essences résineuses, qu'elle ne l'est lorsqu'on crée des bois en essences feuillues.

Ainsi, c'est un des nombreux et des éminens
services que la société d'encouragement cher-
che à rendre à la France sous le point de vue
de la création des richesses, par conséquent
sous le point de vue des moyens de bonheur,
des moyens d'occupation, et de l'amélioration
des mœurs, lorsqu'elle fonde des prix et qu'elle
encourage par tous les moyens qui dépendent
d'elle, la culture des pins, puisqu'en se livrant
à cette culture dans les nombreuses localités
du royaume où il serait avantageux de s'en occuper, on ferait plus que décupler la production, outre qu'on arriverait bien plus tôt au moment de la jouissance ; qu'on utiliserait des terrains qui se refusent à toute autre végétation
utile, et qu'on peut se livrer à cette création
de richesses avec plus de facilités, moins de dépenses, et plus de chances de succès qu'on ne
le ferait dans les espèces feuillues.

On peut considérer l'utilité de la création des
bois sous cet autre rapport : l'homme rapproché
de l'état de nature a peu de besoins, et il pro-

duit peu ; mais dans l'état présent de civilisation des sociétés humaines, les besoins sont pour ainsi dire sans bornes ; il faut donc que les productions soient immenses : heureusement que par une des grandes lois de l'équilibre dans les choses de ce bas monde, les productions peuvent être sans bornes et égaler les besoins.

Il appartient à l'homme d'état, à l'administrateur qui lit dans l'avenir, de prévoir ce que l'augmentation de la population, l'augmentation des besoins et de la consommation doivent ajouter aux richesses actuelles ; c'est à cette classe de citoyens à préparer les moyens de pourvoir dans l'avenir à tous les besoins.

Pour celui qui observe l'état du plus grand nombre des habitans d'un pays quelconque, il est évident qu'en circonscrivant même sa vue sur un seul point de la France, un département par exemple, il y a une immensité de richesses de productions et de richesses de travaux à créer, ne serait-ce que pour fournir dans la proportion de 1,000 francs par ménage tout ce qui y manque en objets de vêtemens et d'ameublement, pour placer les habitans d'un tel département dans cet état d'aisance qui réjouit l'âme de l'observateur ; dans l'état où Arthur

Young, page 140 et suivantes du tome 1er., rapporte avoir eu la satisfaction de remarquer les habitans des environs de Pau-en-Béarn : car supposez cinquante mille ménages où cette richesse de 1,000 francs pour chacun serait utile à leur bonheur; vous aurez 50 millions d'augmentation de richesses à créer; et ces 50 millions donneront naissance à bien d'autres, puisque, pour se les procurer, il faudra de la matière et du travail; que de plus il faudra entretenir, renouveler même ce que le temps et l'usage useront et détruiront.

En envisageant ainsi les choses, et parce qu'on mettrait du discernement dans le choix des points du royaume où on créerait des bois résineux, il peut y avoir de l'utilité à seconder la société d'encouragement en faisant connaître les moyens qu'il convient d'employer pour opérer cette création; on ne peut que s'honorer à suivre l'impulsion qu'elle a donnée à l'industrie ainsi qu'à la production des richesses, et à s'associer au bien qu'elle fait.

Je ne m'étendrai pas d'avantage à présent sur ces points généraux; ce ne sera que dans dix ou douze ans que je hasarderai de mettre au jour, à l'occasion dont j'ai parlé, ce que je remarque journellement sur beaucoup d'autres objets, tels que la science des idées qui est si distincte de la science d'exécution ;

L'utilité que l'une et l'autre de ces deux sciences soient professées dans la partie forestière, de manière que les propriétaires trouvent à créer des bois les mêmes facilités qu'ils ont sous la main lorsqu'ils veulent élever des bâtimens;

Les deux mobiles qui peuvent porter les particuliers à créer des richesses notables en bois;

L'époque où les créateurs de cette espèce de richesses peuvent recouvrer leurs capitaux, et jouir tout à-la-fois de leurs avances et de leurs travaux, car ce ne sera que fort accessoirement que j'en parlerai ici, notamment aux Chapitres XIV et XIV.

La perpétuité de travail dont les bois sont susceptibles d'une manière fructueuse pour leurs propriétaires, comme pour la classe ouvrière, chose remarquée avec raison par M. Noirot ;

La comparaison de la culture forestière avec la culture arable, sous le rapport de la dépendance où celle-ci place ceux qui s'y livrent, et de la liberté ou de l'indépendance que laisse celle-là ; sous le rapport aussi de la division du travail dont les principes sont plus ou moins applicables à la culture forestière, et qui sont plus ou moins impossibles à mettre en pratique dans la culture arable;

Et les avantages immenses que recueillerait la société d'une application plus générale aux principes de cette doctrine de la division des travaux; doctrine dont Adam Smith est réputé le père, et dont la science nous a été rendue familière par les ouvrages de MM. Say, Garnier, Ganilh, Lauderdale et autres savans; doctrine qu'on trouve d'autant plus pratiquée en certains pays qu'on y est plus éclairé et plus industrieux; doctrine dont les avantages ne sont pas, à beaucoup près, encore assez appréciés; doctrine enfin dont une application plus fréquente et plus étendue exercerait une si grande influence sur la création des richesses, sur les mœurs et sur le bonheur du genre humain.

Mais je dois abréger, ne point perdre de vue cette observation élémentaire de M. Say: que des opinions ne doivent pas être données pour des vérités, et sur-tout me rappeler l'instabilité des opinions qui nous paraissent les plus justes et les plus saines; me rappeler par conséquent ce que M. de la Rochefoucauld-Liancourt, en son Voyage d'Amérique, page 199 du tome VII, rapporte à cet égard d'un philosophe, qui di-

sait : « Dans ma longue carrière je me suis vu
» obligé, plus d'une fois, par la force de la
» conviction à revenir d'opinions bien pronon-
» cées, bien réfléchies, et que je croyais bien
» fondées. »

Je passe donc à l'objet de ce fragment du mémoire que je projette sur la culture en bois des
terrains incultes du département de l'Eure, en
faisant connaître ce que j'ai eu occasion d'apprendre sur la culture des pins, sur leur aménagement, leur exploitation, et les emplois
dont leur bois est susceptible.

CHAPITRE II,

Où j'examine quelles sont les espèces de pins auxquelles, dans l'état actuel des connaissances, il convient de se fixer pour la culture utile et en grand.

Les pins, quoiqu'étant des arbres résineux, aussi bien que le sont les sapins, les mélèses, et d'autres espèces, s'en trouvent tellement distincts, qu'il est indispensable de les en séparer lorsqu'on veut s'instruire sur la manière de les cultiver.

Il y a un grand nombre d'espèces et de variétés de pins. Pour le botaniste, pour le savant et pour l'amateur, il est important de les connaître toutes, et de les distinguer les unes des autres : mais pour l'agriculteur le nombre m'en paraît circonscrit, dans l'état présent des connaissances en France, à deux espèces principales, qui sont : le pin sylvestre et le pin maritime.

Par pin sylvestre, j'entends non-seulement le pin sylvestre de Linnée; le pin dit du Nord, de mâture, de Russie, de Riga et d'Hagueneau, appelé aussi le pin sauvage ou d'Allemagne; mais j'entends aussi le pin d'Ecosse, et le pin dit de Genève ou de Tarare, ou pin commun de France (1).

Par pin maritime, j'entends le pin de Bordeaux, du nom des Landes de Bordeaux où

---

(1) M. de Malesherbes, comme je l'ai rapporté en ma lettre sur les pins, adressée à M. Bosc, qui l'a fait insérer au cahier d'avril 1819 des *Annales d'Agriculture,* a voulu vérifier par deux semis faits à côté l'un de l'autre, mais distinctement, en graines de pin d'Écosse et en graines de pin de Genève, s'ils étaient de la même espèce. Dans la vue de répéter cette expérience, j'ai semé en 1813, dans trois de mes ventes, distinctement des graines de pin de Génève, que mon ami, M. Borel, citoyen de cette ville, m'a rendu le service de me procurer en même temps que des graines de mélèze, de sapin blanc et de sapin pesse. Par ce service de M. Borel, à qui j'en dois tant d'autres, je saurai si véritablement ces deux pins se confondent, ou si au contraire ils diffèrent entre eux. Ceux de M. de Malesherbes, qui avaient vingt-cinq à trente ans lorsque je les visitai, ne m'ont offert aucune différence. Dans mes semis de 1813, j'ai trouvé que le pin de Genève différenciait de celui d'Écosse en ce qu'il était plus lent à croître, qu'il n'avait pas l'aspect aussi riche; mais le temps seul pourra me donner sur cela une opinion définitive.

il est commun. J'entends aussi le pin que
M. Bosc, page 93 du tome X, surnomme *Pensot*, et qui est le pin de Bordeaux transporté
dans le Maine où il est devenu plus rustique.
M. Bosc le surnomme aussi petit pin maritime,
pin à trochet, du nom de ses cônes qui sont
souvent rassemblés ensemble et forment grappes
ou bouquets, quoique souvent aussi ils soient
isolés ou solitaires. Je citerai cependant comme
susceptible d'être recherché, d'être étudié et
d'être cultivé pour acquérir expérimentalement
une opinion des avantages qu'on lui attribue, le
pin laricio ou pin de Corse; il a un aspect bien
autrement élancé, et bien autrement avantageux que les pins d'Ecosse et de Bordeaux,
comme on peut s'en convaincre en allant l'étudier, ainsi que je l'ai fait maintes fois, au Jardin
du Roi, moins sur le superbe sujet qui est au
milieu de l'école de botanique, que dans les deux
labyrinthes, où, mélangé avec ces deux autres
espèces, on a le moyen de reconnaître l'avantage bien caractérisé qu'il offre sur elles à
l'aspect. Il diffère d'ailleurs du maritime et du
sylvestre par son écorce, par ses cônes, et
par le gisement horizontal de ceux-ci sur les
branches. M. Vilmorin m'en a procuré en juin
1819 une demi-livre, ou 14 à 15 mille graines,

provenant d'un envoi qu'il avait obtenu de la Calabre; je les ai fait semer le 15 de ce mois-là d'une manière aussi rustique que le maritime et d'Ecosse dans les clairières de deux de mes ventes de bois alors en restauration; les graines n'ont point tardé à lever, et j'avais lieu d'en être content en voyant à l'automne les sujets obtenus de ces semis rustiques. Ce pourra être un bienfait pour la contrée où je cultive, mais ce ne sera qu'à l'aide du temps que je saurai quelle opinion j'en puis définitivement prendre.

Je citerai aussi le pin du lord Weymouth, appelé le pin du Canada; il est exotique. J'ai entendu contester les qualités de son bois et sa végétation dans les terrains arides; mais, sous le rapport de la beauté, c'est le roi des pins : il paraît convenir aux terrains humides et de bonne qualité; il a, à Saint - Martin d'Ablois près Epernay en Champagne, des dimensions si fortes en grosseur et en hauteur, qu'il mérite d'être soumis à la culture et à l'épreuve du temps. Je dois à l'obligeance d'un de mes voisins (M. de Révilliasse), le moyen d'en avoir pu faire semer sous mes yeux, à l'automne 1819, une assez grande quantité de graines, en terrain tout à-la-fois bon et humide, pour qu'avec l'aide des années j'apprenne

si on peut en enrichir ces sortes de terrains
comme on peut le faire dans ceux secs et
arides avec les pins maritimes et sylvestres.

Mais la variété du pin sylvestre, dite de Riga
ou de Russie, paraît être dans le cas d'être remarquée et distinguée à un haut degré. M. Poussou d'Hollande, que la science agricole vient de
perdre au commencement de la présente année
1820, cultivait cette espèce ou variété dans ses
propriétés, près Bergerac, en Périgord. Il s'était
trouvé en position de s'en procurer en Russie
des graines qui n'avaient point perdu leur vertu
germinative, avantage dont M. Duhamel-Dumonceau avait été privé. M. Poussou d'Hollande
en a meublé 30 à 40 arpens parisiens du plus
mauvais sol, par la voie du semis à demeure,
plutôt que par la voie de la transplantation.
Les sujets qui garnissent cette étendue de terrain,
et dont les plus âgés ont quinze ans de semis,
annoncent, par la vivacité de leur végétation
en grosseur comme en hauteur, une grande supériorité sur les autres espèces ou variétés sylvestres. Il est remarquable, entre autres choses,
qu'ils lui ont donné des graines fertiles dès l'âge
de huit ans de semis, c'est-à-dire au même âge
que les pins maritimes, et beaucoup plus tôt que
les pins d'Écosse cultivés l'un et l'autre dans le

Maine; circonstance qui annonce, ce me semble, une hâtivité très-précieuse dans la végétation, et par conséquent un avantage très-considérable dans sa culture, comme j'aurai occasion de l'expliquer aux Chapitres III, IX et XIV. Je dois à la bienveillance de M. de Froidefond du Chatenet, receveur général de la Dordogne, où il a de grandes propriétés, de m'avoir obtenu de M. Poussou d'Hollande des graines de cette espèce ou variété précieuse de pin. Je les ai fait semer, toujours rustiquement, dans les clairières de mes mauvais bois en restauration; les unes le 26 juillet 1819, et les autres le 21 octobre, même année. Ce que j'ai visité, à cette seconde époque, du semis du 26 juillet, m'a fait voir des sujets bien différens et bien autrement vigoureux que le sont les maritimes et les pins d'Écosse dans leur début à la vie. Si cette supériorité se soutient, ce sera un service inappréciable que M. Poussou d'Hollande et M. de Froidefond du Chatenet auront rendu à la société, en fournissant les moyens d'introduire cette espèce ou variété réputée si éminemment supérieure aux autres, dans les sols siliceux du nord-ouest de la France.

Je ne parlerai pas du pin d'Alep ou de Jérusalem, qui a quelque ressemblance avec le pin

Weymouth, ni du pin pinier ou pignon ; du pin des Pyrénées, du pin Mugho, du pin Cimbro et d'autres, parce que ces espèces ou ces variétés sont peu répandues, ou qu'elles sont, sous le rapport de la culture en grand, tellement inférieures aux principales espèces, qu'elles ne sont bonnes à connaître que pour le botaniste, le savant et l'amateur.

Le pin maritime, qui se distingue du sylvestre en ce qu'il a les feuilles ou les aiguilles ainsi que les pommes ou les cônes beaucoup plus longs, et aussi les feuilles d'un vert-pré, tandis que l'autre les a d'un vert-foin, a cela de particulier, qu'il ne peut prospérer que dans les sols qui ne déchaussent pas, dans les sols exempts du gonflement produit par la gelée, de manière que, nonobstant qu'il lui suffit d'un mauvais terrain, d'un terrain maigre, aride même, tel que du sable, il faut néanmoins qu'il soit exempt d'humidité, qu'il ne soit pas calcaire, car sans cela il périrait.

Le pin sylvestre a cela d'avantageux, qu'il prospère dans les mêmes sols que le maritime, et qu'il croît également bien dans des terrains calcaires et dans des terrains humides. Toutefois les longues et fortes chaleurs de l'été 1818, et l'intensité de la sécheresse qui en est résultée, m'ont appris qu'il résistait moins que le pin maritime à ces circonstances atmosphériques.

La culture des pins offre ce grand avantage, qu'elle n'exige qu'une très-médiocre préparation du terrain, et qu'après l'ensemencement il est généralement inutile; et il pourrait être nuisible de leur donner des sarclages ou d'autres soins. Il suffit de les garantir de l'incursion des bestiaux et des animaux.

Le pin sylvestre paraît beaucoup plus répandu en Europe que ne l'est le pin maritime; d'abord en Allemagne, et dans les pays du Nord, on ne connaît que lui sous les différentes dénominations de pin sauvage et autres. Ensuite en France il est beaucoup plus commun que le pin maritime. Celui-ci n'est commun que dans les environs de Bordeaux, dans le Maine, la Bretagne, quelques parties du Brabant, quelques parties de la Normandie où il y a du sylvestre comme dans le Maine; en Sologne, dans le Gâtinais, où il y a également du sylvestre; presque par-tout ailleurs, comme dans les Alpes, le Jura, les environs de Genève, le Forez, le Dauphiné, la Provence, les Pyrénées, la Champagne, l'Auvergne, les Vosges et l'Alsace, c'est à-peu-près exclusivement le pin sylvestre.

Il m'est avéré que les pins de ces deux espèces,

sylvestre et maritime, varient pour la beauté et la force des dimensions selon les pays, les sols, les climats et les expositions. Selon M. de Burgsdorf, cette variation résulte en outre de l'état serré, ou au contraire de l'état éloigné où se trouvent les pins les uns des autres.

D'un autre côté, quoiqu'il me soit démontré qu'en général le pin sylvestre a des dimensions plus fortes que le pin maritime, cependant il y a des localités où l'avantage est tantôt en faveur du maritime, et tantôt en faveur du sylvestre : j'entrerai dans quelques détails sur ce point au Chapitre III.

Il est important de remarquer, et j'aurai occasion de faire au même Chapitre III l'application de cette circonstance importante, que le pin maritime arrive à tout son accroissement moitié plus tôt que le sylvestre. Celui-ci arrive à maturité de soixante à quatre-vingts et cent ans dans le pays du Maine, et le maritime y arrive de trente à quarante et cinquante ans : cette différence a une grande influence sur la préférence à donner dans la culture à une espèce sur l'autre.

Relativement au pin maritime cultivé dans le Maine, où fort mal-à-propos, mais où universellement on lui donne la dénomination de sapin, il est à observer que, selon le témoignage de M. Bosc, page 548 du tome II, ce pin y a été transporté des Landes de Bordeaux ; qu'il y a réussi, mais qu'il y est devenu tout à-la-fois plus petit et plus insensible à la gelée ; qu'aussi lorsque, dans les pépinières des environs de Paris, on sème des graines de l'un et de l'autre pays, le plant de celles du Maine est plus robuste que le plant des graines de Bordeaux.

Et relativement au pin sylvestre aussi cultivé dans le Maine, j'observerai également qu'au témoignage de M. de Musset de Cogners, qui m'a fait l'honneur de me l'expliquer par sa lettre du 18 août 1817, c'est l'espèce ou variété qu'on surnomme d'Écosse.

D'après cela il m'est évident que dans l'état présent de choses, ce sont les pins des espèces sylvestre et maritime qu'il faut adopter lorsqu'on veut créer des bois et forêts de pins.

Je ne dirai pas qu'il faut préférer dans l'espèce maritime la variété dite de Bordeaux, ou au contraire celle dite *Pensot ;* mais j'observerai que cette préférence me semble devoir s'exercer en faveur du Bordeaux dans les contrées chaudes de la France, et en faveur du Pensot dans les contrées froides.

Je ne dirai pas non plus que, dans l'espèce

sylvestre, il faut préférer la variété dite de Riga, dite sauvage, etc., à celle dite d'Écosse, ni à celle dite de Genève ; mais je rappellerai que la première variété paraît avoir des avantages si considérables sur les autres, qu'il faudrait, dans l'intérêt des propriétaires et de la société, lui donner la préférence par-tout où on pourrait la faire prospérer. J'observerai aussi que dans l'état actuel de la culture des pins en France, il est bien moins difficile d'avoir des graines d'É-cosse que des graines des deux autres variétés.

Et je rappellerai cette autre observation, que dans les terrains secs on peut indifféremment cultiver avec succès l'espèce maritime et l'es-pèce sylvestre; mais que dans les terrains hu-mides, et dans ceux que la gelée fait gonfler, comme en Champagne, on ne peut cultiver que le sylvestre.

CHAPITRE III,

Où je compare l'espèce sylvestre avec l'espèce maritime, sous les différens rapports de la beauté d'aspect, de leurs dimensions, de la facilité de la culture, de l'âge où ils arrivent à tout leur accroissement, des qualités de leur bois, de sa valeur, et de ce qu'on doit préférer de l'un ou de l'autre.

Il convient d'examiner séparément chacun de ces divers points de vue, et c'est ce que je vais faire en les discutant successivement.

Sous le rapport de la beauté d'aspect.

La qualité du sol, le climat, l'exposition et la situation topographique du terrain, exercent très-certainement une influence sur la beauté des arbres de toutes les essences; mais, quoique dans les examens que j'ai été faire des bois et forêts de pins, j'aie trouvé l'avantage des dimensions tantôt en faveur de l'espèce sylvestre, et tantôt en faveur de l'espèce maritime, néanmoins il m'est évident que, sous le rapport de la beauté,

en général les pins sylvestres offrent un aspect
plus avantageux que les pins maritimes à tous
les âges de leur vie.

Sur les dimensions en grosseur et en hauteur.

Selon M. de Malesherbes, dans son Mémoire
sur les pins, inséré en la seconde partie des
OEuvres de Varenne-Fenille, pages 157 et 158,
le pin sylvestre en France ne peut pas souffrir
la comparaison avec le pin maritime. Il est, dit-
il (le pin sylvestre), vilain, bas et tortueux dans
presque toute la France et la Suisse. Cependant
il s'y en trouve de beaux, ce qui doit, ajoute
M. de Malesherbes, provenir de la qualité du sol.

Selon M. Bosc, page 92 du tome X, la dimension en hauteur est à-peu-près semblable dans
les deux espèces.

A mon égard, je répéterai que la qualité du
sol, le climat et d'autres circonstances exercent
une influence sur les dimensions des pins, tellement que l'avantage est tantôt en faveur d'une
espèce, et tantôt en faveur de l'autre; mais que
je ne doute cependant pas qu'en général l'avantage ne soit en faveur de l'espèce sylvestre.

A Vrigny, chez feu M. Duhamel-Dumonceau,
j'ai trouvé l'avantage en faveur des pins syl-

vestres. Il en a été de même à Malesherbes, que je fus visiter en 1813.

Dans le pays du Maine, cet avantage en faveur du pin sylvestre, dit d'Écosse, est tel que les beaux sujets y ont jusqu'à 7, 8, et même 9 pieds de circonférence à la hauteur de 4 pieds au-dessus du sol, adoptée par Varenne-Fenille dans ses expériences, tandis que dans l'espèce maritime elle dépasse rarement 3 pieds, ce qui établit une différence en matière d'un à quatre, en ne portant celle de grosseur que de 3 pieds à 6 pieds (elle serait d'un à neuf, si on établissait la comparaison d'un sujet de 3 pieds à un sujet de 9 pieds), outre que, dans cette contrée de la France, le pin sylvestre d'Écosse est également plus haut que le maritime.

Chez M. de Ribard, de Rouen, à sa jolie terre du bois David, près de Brionne, sur la rive gauche de la rivière de Rille, où le sol est bien différent de celui du Maine, ainsi que de Vrigny et de Malesherbes, et où il y a des pins sylvestres et des pins maritimes qui arrivent à tout leur accroissement, l'avantage est au contraire de beaucoup en faveur de l'espèce maritime, tant en grosseur qu'en hauteur (1).

____

(1) Dans la forêt de Beernem, près Bruges, en Flandre,

Sur la facilité de la culture.

A cet égard, l'avantage me paraît être en faveur du pin maritime. Il est, dans son début à la vie, plus rustique que le sylvestre ; il s'élève plus promptement que lui. Je crois aussi, d'après la culture que je fais de l'un et de l'autre, que le sylvestre exige un terrain plus préparé, plus ameubli que n'en exige le maritime ; ce qui peut s'expliquer par cette considération, que la graine en est beaucoup plus menue que celle du maritime, dont le volume est assez semblable aux petites fèves de café, au lieu que la graine du pin sylvestre n'a que le volume du petit chènevis.

Cela est d'ailleurs conforme à ce que M. de Musset de Cogners m'a fait l'honneur de m'écrire au mois de décembre 1814. Il trouvait le pin maritime plus facile à cultiver que le sylvestre, par la triple raison que la graine s'en récolte plus facilement, qu'elle lève avec plus

---

créée par M. Vandenbogaerde depuis cinquante à soixante ans, les premiers pins maritimes sont un peu plus gros que les premiers pins sylvestres, mais ceux-ci sont un peu plus élevés ; d'un autre côté, les maritimes arrivent à toute leur maturité, et les sylvestres sont encore en pleine croissance.

de facilité, et dans une terre moins bien pré-
parée que pour l'espèce sylvestre.

Je tiens aussi de M. Baudrillart, traducteur
de M. de Burgsdorf et de M. Hartig, que les semis
de pin sylvestre sont plus délicats que ceux de
pin maritime.

Il est bien vrai que le pin maritime est sujet
à la gelée, et que le sylvestre en est ou exempt,
ou qu'il y est moins exposé, ce qui s'explique
en considérant que le premier est le pin des
contrées chaudes, et que le second est le pin
des contrées froides ; mais, d'un autre côté,
le pin maritime résiste mieux aux effets de la
sécheresse, au lieu que le sylvestre en souffre.
D'ailleurs, pour la gelée, le maritime n'en est
atteint que dans les sols ou dans les situations
humides. Dans les sols secs, exempts du gonflement que produit la gelée sur certaines qualités de terre, et aux expositions aérées, il ne
gèle pas. La variété surnommée pensot, par
M. Bosc, résiste d'ailleurs davantage à cette
partie des intempéries, comme je l'ai rapporté
au second chapitre. Enfin, il paraît que le pin
sylvestre n'est pas non plus toujours exempt de
la gelée ; car je tiens de M. de Musset de Cogners
que, dans l'hiver si rigoureux de 1788 à 1789,
les deux espèces furent atteintes de la gelée dans

le Maine; mais ce ne fut que de cette façon que deux ans après il n'y paraissait pas.

Sur l'âge où les pins des deux espèces arrivent à tout leur accroissement.

Je parlerai, au Chapitre IX, de l'accroissement des pins sous le point de vue général; sous le point de vue de leur grossissement annuel, et sous celui du *maximum* de leur âge de maturité. En ce moment-ci, je n'en veux parler que sous le rapport de la différence qui existe entre les deux espèces.

Cette différence est très-forte, puisqu'elle est du simple au double. Cette circonstance est bien propre à exercer une grande influence dans le choix à faire d'une espèce préférablement à l'autre, lorsqu'on en veut créer des bois et forêts, et lorsqu'on n'est pas maîtrisé, soit par la qualité du sol, soit par la situation topographique du terrain. Aussi cette influence s'exerce-t-elle beaucoup dans le Maine, où, pour avoir une jouissance moins éloignée, on ne crée de pinières qu'à-peu-près exclusivement en espèce maritime, par la seule raison qu'elle est plus hâtive que l'autre.

M. de Tschudi qui observe, page 135, que ceux qui sont impatiens de jouir doivent cul--

tiver les espèces de bois dont la croissance (j'a-
jouterai la maturité) est la plus prompte, ajoute
que le pin maritime croît plus promptement
que le pin sylvestre d'Écosse.

Cela est constant dans le Maine, où, en raison de l'ancienneté de la culture des deux espèces, on a à cet égard une expérience positive.
Or là, ainsi que j'ai eu déjà occasion de le dire
au Chapitre II, le pin maritime arrive à tout son
accroissement à trente, quarante et cinquante
ans, au lieu que le pin sylvestre d'Écosse n'y
arrive qu'à soixante, quatre-vingts et même
cent ans.

*Sur la qualité du bois d'une espèce comparati-
vement à l'autre, et sur leur valeur respective.*

J'aurai occasion de dire, aux Chapitres VII
et XI, que la saison de l'année où on abat les
pins, et d'autres circonstances qui accompagnent leur exploitation et le débitage de leur
bois, ont une grande influence sur la qualité de
ce bois.

Je rappellerai ici que la qualité du sol, l'exposition et la situation topographique ont aussi
une influence très-caractérisée sur la qualité du
bois de toutes les essences.

Mais, raisonnant dans l'hypothèse où toutes

choses sont égales, et où, par conséquent, les deux espèces de pins croissent respectivement dans les sols qui leur sont les plus propres, aux expositions et dans la situation qui conviennent à chacune d'elles, je dirai qu'en général le bois du pin sylvestre est meilleur que le bois du pin maritime, et qu'il a plus de valeur que celui-ci.

Dans le Maine le bois de pin sylvestre d'Écosse est réputé plus dur, moins poreux, plus serré, d'un grain plus fin, et il y est plus estimé que celui de l'espèce maritime ; mais, d'un autre côté, celui-ci est susceptible d'emplois où il a l'avantage sur le sylvestre, comme j'aurai occasion de l'expliquer au Chapitre XIII, en traitant de l'emploi des bois de pins. Cette circonstance rachète de son infériorité, et en résultat le même volume de matière ne se vend en sylvestre qu'un sixième de plus qu'en maritime.

Toutefois il y a un point de vue sous lequel l'avantage en faveur du pin sylvestre d'Écosse peut être plus fort, c'est sous le rapport du commerce d'exportation ; il doit résulter de la plus grande bonté de son bois qu'il est plus susceptible d'être exporté que le maritime, et en effet dans le Maine c'est presque uniquement en pin d'Écosse que se fait le commerce des planches hors du département.

Là on m'a dit que le pin maritime, comme plus pliant, offrait plus de résistance au fardeau que n'en oppose le sylvestre d'Écosse. Celui-ci, comme le chêne isolé, est à la vérité plus fort, mais il est plus cassant, il rompra net sous le fardeau; le pin maritime, semblable en cela au chêne des forêts, pliera, mais rompra moins.

A laquelle des deux espèces de pins doit-on donner la préférence dans la création des bois et forêts ?

Cette question me paraît être tout-à-la-fois complexe et fort importante; car elle est suscep-tible d'être envisagée sous des rapports généraux, des rapports d'utilité publique et d'économie politique, en même temps que sous le rapport de l'intérêt particulier.

L'influence qui résulte de la qualité du sol, de l'exposition et de la situation topographique, doit être prise en considération lorsqu'on veut s'adonner à la création des bois et forêts. Voi-là pourquoi en consultant les principes qui nous sont enseignés par les savans, tels que M.Duhamel Dumonceau, MM. dePerthuis, père et fils, M. de Buffon, M. de Burgsdorf, M. Hartig, M. Bosc, et beaucoup d'autres, il faut en varier l'application suivant les localités. Voilà aussi pourquoi il serait si avantageux, pour utiliser ces principes, de se livrer à leur application en telle localité et en telle autre; un tel travail serait une chose très-précieuse.

Dans le sol où je cultive, par exemple, à en juger par les sujets qui, à la terre de M. de Ribard, arrivent dans les deux espèces à toute leur maturité, il est apparent qu'il y aurait de l'avantage à cultiver le pin maritime préférablement au sylvestre, parce que le maritime y a, en grosseur comme en hauteur, des dimensions beaucoup plus fortes que le sylvestre, et qu'il y a sur la même espèce (maritime) cultivée dans le Maine, l'avantage d'un bois plus dur, et une végétaion plus vigoureuse qu'il doit probablement à la qualité du terrain.

D'un autre côté, on pourrait résoudre différemment la question, selon que le bois est tout créé, ou selon qu'il est à créer: dans le premier cas on peut préférer l'espèce sylvestre, et s'attacher à la maintenir si elle convient au sol, parce qu'en général elle est préférable au maritime, et que la jouissance se trouve tout établie; mais, dans le second cas, où on a à rentrer dans les avances de ses capitaux et à établir sa jouissance, le rapprochement de l'époque de celle-ci doit être pris en considération.

Ce qui doit l'être également, notamment par l'administrateur, par le citoyen qui veut faire marcher de front le bien de son pays et le bien de sa famille et de ses affections, c'est le produit brut ; c'est la main-d'œuvre et les moyens d'occupation de diverses classes d'ouvriers, tels que les bûcherons, les scieurs-de-long, les charpentiers, les menuisiers, les marchands de bois, leurs facteurs, les voituriers, et d'autres ; par conséquent la valeur des travaux qui doit être plus étendue dans la culture du pin maritime qu'elle ne l'est dans la culture du pin sylvestre, puisque celle maritime donne des produits en travaux doubles de ceux du sylvestre.

Ce qui me paraît devoir être une bonne chose, une chose susceptible de réunir tous les avantages, c'est le mélange des deux espèces dans le même bois, lorsque la qualité du sol, l'exposition et la situation topographique le permettent, ce qui doit toujours arriver dans des bois d'une certaine étendue ; car, d'après ce que j'ai entendu dire aux propriétaires de pinières dans le Maine, et ce que j'y ai vu, ces deux espèces sympathisent fort bien entre elles : mais, pour faire ce mélange, il faut adopter l'exploitation en jardinant, et renoncer au mode de blanc-étoc, parce qu'il ferait obstacle au mélange, comme je le dirai au Chapitre X.

D'autres circonstances peuvent encore influer sur la préférence à donner plutôt à une espèce qu'à une autre. Par exemple, si les besoins de la contrée ne donnent pas suffisamment de débouchés, et qu'on ait besoin de recourir à l'exportation; en ce cas la culture des pins sylvestres peut être plus avantageuse parce qu'elle est, plus que l'espèce maritime, susceptible de fournir des marchandises propres au commerce d'exportation : plus les bois et forêts qu'on aura seront considérables, plus cette considération aura de force.

CHAPITRE IV,

Où j'examine plusieurs autres choses qui sont à considérer auparavant de mettre en action la culture des Pins.

JE vais parler successivement des terrains, des expositions, et des situations topographiques qui conviennent aux pins.

J'examinerai ensuite s'ils sont pivotans, ou si au contraire ils sont traçans.

Et je terminerai par discuter si les pins sympathisent, 1°. entre eux, 2°. et avec les bois feuillus.

Terrains propres aux Pins.

Ainsi que je l'ai déjà annoncé au Chapitre II, les pins sont susceptibles de prospérer dans les sols les plus maigres, mais avec cette différence qui leur est commune avec toutes les essences d'arbres, que plus le terrain est aride, moins leur végétation est riche. Mais ce qui est remarquable, et chose sur laquelle les savans et les cultivateurs sont d'accord, c'est que les pins sont de tous les bois les moins difficiles sur la qualité du terrain, et qu'ils sont plus que toute autre espèce susceptibles d'utiliser les mauvais sols.

D'un autre côté il y a cette distinction, dont j'ai également déjà parlé, à faire entre l'espèce sylvestre et l'espèce maritime, que la première croît également bien dans les sols calcaires et dans les sols quartzeux, tandis que l'espèce maritime ne peut prospérer que dans les sols de cette seconde sorte. Il est même des pays où la terre déchausse si fortement, que les pins sylvestres ne peuvent pas ou ne peuvent que bien difficilement y être élevés par la voie du semis à demeure; c'est principalement dans la Champagne, dite Pouilleuse, où, à ce que feu M. l'administrateur Allaire, qui cultivait les pins dans ses propriétés de cette contrée, m'a expliqué dans une instruction dont il m'a honoré au mois de février 1815, il est à-peu-près impossible d'employer le moyen expéditif du semis à demeure, quoiqu'on n'y cultive que le pin de l'espèce sylvestre, et non celle maritime qui ne pourrait pas y réussir. On est obligé dans ce pays-là de recourir à la voie lente et dispendieuse des pépinières et de la transplantation.

A cela près de cette différence, qui est importante à considérer, l'une et l'autre de ces deux principales espèces de pins s'accommodent fort bien des plus mauvais sols, c'est-à-dire des sols dont on ne peut tirer parti que par eux ; et, ce qui est digne de remarque, ce parti peut être si productif qu'il surpasse de beaucoup le produit des bons sols meublés de bois feuillus, comme je l'expliquerai au Chapitre XIV, en comparant les produits d'une pinière avec ceux d'un bois de chêne, ou autre essence feuillue.

Exposition qui convient aux Pins.

Je crois que les deux espèces de pins sont susceptibles de prospérer à toutes les expositions ; mais je crois en même temps que celle du nord est la plus favorable aux pins sylvestres, qui au sud souffrent des fortes chaleurs et des grandes sécheresses, comme j'ai eu occasion de l'observer, en 1818, dans les pinières du Maine, chez moi en Normandie, et au bois des Mares-Plates, chez M. et madame de Chalandray, en Seine-et-Oise, ce qui peut s'expliquer par cette considération que le pin sylvestre est l'arbre des contrées septentrionales : aussi M. Bosc, page 84 du tome X, observe-t-il que la zone élevée où croissent naturellement les pins sylvestres, élévation où la chaleur n'est jamais

forte et où les pluies sont très-fréquentes, dis-
pense de toute précaution contre la sécheresse,
mais que dans les plaines, sur-tout dans celles
de la Champagne, si arides par leur constitu-
tion même, il est nécessaire de garantir le plant
pendant ses premières années des atteintes d'un
soleil trop brûlant, ou des vents desséchans.

Quant au pin maritime, je crois aussi que
l'exposition méridionale lui est plus avantageuse que celle du nord; car j'ai remarqué chez
moi, en Normandie, et chez M. et madame
de Chalandray, que des jeunes sujets de cette
espèce, quoique élevés de 3, 4, 5 et 6 pieds,
souffraient quelquefois des intempéries de l'hiver; ce qui peut également s'expliquer en considérant que cette espèce est celle des contrées
méridionales.

Sur la situation topographique propre aux Pins.

Il paraît que les sols très-élevés conviennent particulièrement au pin sylvestre qui,
comme j'ai eu l'occasion de l'observer, est l'arbre
des contrées septentrionales, et que le pin maritime, qui est celui des pays méridionaux, doit
mieux s'accommoder des élévations inférieures
que de celles supérieures.

Mais il **est** important de remarquer deux choses :

La première, que l'espèce sylvestre. qui s'accommode si bien des expositions élevées, prospère cependant dans des lieux bas ; j'en ai vu la preuve dans le Maine, où les bas-fonds de ce pays plat sont meublés de pins sylvestres d'Écosse. M. de Buffon en a fait une expérience positive dans ses terres de Bourgogne, sur la variété dite de Genève ; il explique, pages 290, 291, 297, 298 et 299, que dans cette contrée il y a dans les bois des bas-fonds où les arbres et la recrue des taillis sont de beaucoup inférieurs à ceux des coteaux et des plateaux, parce qu'il gèle tous les ans et tous les mois de l'année dans ces bas-fonds que l'on appelle *combes*. M. de Buffon y a, sur une étendue de 40 arpens et de 150 arpens, non pas semé à demeure, mais transplanté avec un grand succès des pins de Genève. J'ai utilisé cette expérience, en garnissant avec des pins d'Écosse quelques bas-fonds excessivement gélifs dans mes bois ; j'ai employé non-seulement la voie de la transplantation, mais aussi celle des semis à demeure, lorsque je n'ai pas eu trop à me défendre de l'herbe qui dans ces endroits étouffe le semis. Il n'y a encore que trop peu de temps que j'ai opéré, pour pouvoir me flatter d'un succès définitif; mais ce que j'ai été observer dans le Maine, et ce que M. de Buffon a expérimenté en grand, m'autorise à la plus grande confiance.

La seconde, que l'espèce maritime périt dans les lieux bas, les lieux humides et sujets à la gelée; M. de Buffon en a fait l'expérience dans sa combe de 40 arpens où les pins de Genève ont prospéré, mais où ceux de Bordeaux ont péri. Les semis faits, il y a trente ans passés, dans la forêt de Fontainebleau, offrent le même résultat; je veux dire qu'au bas du rocher d'Avon, les pins maritimes ont généralement péri, et que ceux qui y étaient encore en 1813, se trouvaient chancreux à leur base vers l'aspect du levant; tandis que d'une part ceux de la même espèce qui se trouvent plus en montant sur ce grand rocher, sont intacts et très-nombreux ; que d'autre part les pins sylvestres qui sont en avenue au bas de ce même rocher, et le massif de pareils pins qui est un peu au-delà du rocher, dans une situation un peu basse, sont très-prospères; d'où on doit, ce me semble, conclure que la situation topographique qui convient au pin maritime est celle qui est découverte et aérée.

Les Pins sont-ils pivotans, ou bien sont-ils traçans?

Il y a à cet égard une observation générale à faire; c'est que les arbres réputés pivotans, comme par exemple le chêne qui l'est à un haut degré, deviennent en quelque sorte traçans dans les terrains qui n'ont pas de profondeur, et où, soit à cause du tuf, soit à cause d'un autre obs-tacle, leurs racines ne peuvent pas s'enfoncer; et que les arbres réputés traçans, tels que le sont les ormes, le sont à un moindre degré ; que même ils ont des racines quasi pivotantes lorsqu'ils se trouveut placés dans des terrains qui ont du fond.

M. de Burgsdorf, qui ne parle que du pin de l'espèce sylvestre, le classe, en son deuxième tableau du premier volume, parmi les arbres qui sont tout à-la-fois pivotans et traçans. Il ajoute, page 399 de ce Ier. volume, qu'il résiste mieux aux veuts que les autres arbres résineux.

M. de Malesherbes, page 147, assure que le maritime a l'avantage de résister aux vents, et d'en garantir les autres arbres.

Mais M. Bosc, page 81 du tome X, assure de son côté que tous les pins ont les racines courtes, et qu'ils souffrent des vents lorsqu'ils sont isolés.

A mon égard, j'ai trouvé dans le Maine, que les deux espèces sylvestre et maritime qui y sont cultivées, sont plutôt traçantes que pivotantes, mais qu'elles participent de l'un et de l'autre. On sent bien que la qualité du sol et la nature de la couche inférieure influent sur le tracement ; mais je crois l'espèce sylvestre plus susceptible de tracer que l'espèce maritime.

Dans mon mauvais terrain siliceux près Brionne en Normandie, le pin maritime est plus souvent pivotant que traçant ; il a plus généralement des racines pivotantes, que des racines latérales. Le pin sylvestre d'Écosse n'est pas à beaucoup près aussi pivotant, mais il est pourvu de racines latérales. Cela me porterait à croire que le terrain siliceux est plus avantageux au pin maritime, qu'il ne l'est au pin sylvestre, si déjà je n'en voyais la preuve dans les nombreux sujets de M. de Ribard à sa terre de Bois David, où dans les deux espèces ils arrivent à toute leur maturité, et dont le sol est précisément le même que le mien. Je mets d'autant plus de confiance dans cette opinion, que les racines pivotantes sont singulièrement favorables à la végétation vigoureuse des sujets qui en sont pourvus. Ils s'élèvent davantage, et ils végètent avec plus de force que ceux qui n'ont que des racines latérales, comme l'explique notamment M. Féburier, page 171.

Les Pins sympathisent-ils entre eux, et avec les bois feuillus?

Je n'entends parler ici que des pins sylvestres et maritimes, parce que la culture des Laricio, des Weymouth et des autres espèces, n'est pas assez répandue pour avoir une opinion tirée de l'expérience.

Selon M. Varenne-Fenille, le pin maritime ne sympathiserait pas avec le pin sylvestre : il le dit positivement aux pages 128 et 129 de la seconde partie de ses œuvres. Cependant, il est constant que dans le Maine ces deux espèces de pins sont souvent mélangées ensemble, et qu'elles y prospèrent aussi bien que lorsqu'elles sont séparées. M. de Burgsdorf est en faveur de la sympathie; car en parlant du pin sylvestre, il dit, page 226 du tome II, que ce pin sympathise avec tous les arbres résineux.

Quant à la sympathie avec les bois feuillus, il me paraît constant qu'elle n'est que momen-

tanée, et qu'en définitif, les bois résineux détruisent les bois feuillus. M. Bosc, page 85 du
tome X, dit que les plus grands arbres, les
chênes même, finissent toujours par disparaître
des lieux plantés en pins. M. de Burgsdorf,
page 178 du tome Ier., professe la même opinion, en disant que le bouleau se plaît beaucoup avec les arbres résineux, mais seulement
jusqu'à l'époque où ceux-ci ont pris le dessus.
Il en est de même de M. Hartig qui dit, page
41 de son Instruction sur la culture des bois,
que les bois feuillus et les bois résineux ne
sympathisent pas entre eux; que les résineux
détruisent les feuillus, et que cette dernière
espèce cède à l'autre. Enfin, M. de Malesherbes,
page 73, et M. Varenne-Fenille, pages 128 et
129 de la seconde partie de ses œuvres, assu-
rent que les pins sont des arbres exclusifs, des
arbres intolérans lorsqu'ils acquièrent toute leur
force; qu'alors ils ne souffrent pas de mélange
avec les bois feuillus.

En considérant les choses sous le rapport de
l'exploitation et de l'aménagement, on trouve
que le mélange des bois résineux est incom-
patible avec les bois feuillus, parce que le mode
d'exploitation est différent pour les uns de ce

qu'il est pour les autres ; c'est ce que M. Hartig observe à la page 41 précitée, ainsi que M. Burgs-dorf, aux pages 252 et 253 du tome II.

J'ai cependant trouvé quelquefois, dans le Maine, le bois feuillu mélangé avec les pins ; et c'est précisément dans les anciennes pinières que j'ai remarqué ce mélange. Le plus souvent, ç'a été un taillis insignifiant que j'ai trouvé mélangé dans les pins. Ce n'est qu'à la Bulsardière, chez M. Nicolaï, époux de l'héritière de la maison de Murat, et où paraissent être les plus anciens pins de la contrée, que j'ai trouvé des taillis où les pins sont en minorité ; mais ils y étaient en petit nombre, et, d'un autre côté, ce sont les plus gros, les plus hauts et les plus âgés que j'ai vus, en sorte que si à raison de leur petit nombre ils n'ont point étouffé le bois feuillu, d'un autre côté, celui-ci ne paraît pas avoir nui à leur végétation.

CHAPITRE V,

*Où je traite plus particulièrement de la manière
de cultiver les Pins en grand.*

Ce ne peut être que par la voie du semis à
demeure qu'on peut créer des bois et forêts,
sur-tout dans les espèces résineuses. La transplantation de leurs sujets est moins praticable
que pour les espèces feuillues, parce que leurs
racines sont bien plus sensibles au hâle que ne le
sont celles des bois feuillus, et aussi parce que
l'époque durant laquelle on peut transplanter
est beaucoup plus courte à l'égard des bois résineux, qu'elle ne l'est pour les bois dits feuillus.

Toutefois, comme il se rencontre des emplacemens rebelles au semis à demeure, il est bon
d'avoir des notions sur la transplantation des
pins, et j'en ferai l'objet du chapitre suivant.
En celui-ci, je ne m'occuperai que de leur culture par la voie du semis à demeure.

Feu M. le baron de Perthuis ayant émis,
page 57 et suivantes du tome VI, une opinion
assez contraire à ce que je vais dire sur la faci-

lité de créer de grandes étendues de bois de pins,
par la voie du semis à demeure, j'aurai l'honneur d'examiner cette opinion qui, par les connaissances, l'instruction et la réputation de son
auteur, est propre à avoir un grand poids: mais
ce ne sera qu'après avoir rapporté ce que j'ai
ainsi à dire, que je me permettrai cette discussion, parce qu'alors celle-ci deviendra beaucoup
plus facile, et qu'elle offrira, je crois, toute la
simplicité désirable.

*Quelle préparation doit-on donner au sol pour
le semer en Pins?*

J'ai trouvé, dans les auteurs qui ont écrit sur
ce point d'agriculture, une dissemblance d'opinion assez caractérisée, puisque les uns indiquent une préparation soignée, tandis que les
autres ne veulent au contraire qu'une demi-
culture, en expliquant qu'ils la trouvent plus
avantageuse qu'une pleine culture.

M. Duhamel Dumonceau, qui, dans celle de
ses trois terres du Gâtinais appelée Vrigny, se
trouvait avoir à opérer dans un terrain sablonneux, dit, aux pages 282 et 283, avoir fait donner au sol où il a semé des pins, des préparations aussi soignées qu'il l'avait fait pour y semer
du chêne.

4 *

M. de Turbilly, page 12, indique trois labours préparatoires au semis.

Dans la partie des Pays-Bas appelée Campine (au rapport de MM. Peuchet et Chanlaire, dans leur Statistique des Deux-Nèthes, page 13), on prépare les terrains qui sont en friche, ou en lande, par trois labours d'année en année; le premier est plus léger, et le troisième est plus profond que les deux autres.

Dans la forêt de Beernem, près Bruges en Flandre, créée depuis cinquante à soixante ans, par M. Vandenbogaerde, il a fait écobuer le terrain, répandre les cendres résultées de l'écobuage, donner un très-léger labour à la charrue, et herser en tous sens auparavant de semer.

Au lieu que M. de Burgsdorf, page 288 du tome II, indique de ne préparer le terrain que par un seul labour et par sillons alternés, dès l'été ou l'automne précédant le semis, ce qui est, à ce qu'il me semble, une sorte de demi-culture.

M. Hartig, page 101 de son *Instruction sur la culture des bois,* parle aussi dans le sens d'une demi-culture. Selon lui, elle réussit même mieux qu'une pleine culture. Cependant il ajoute, page 102, que si le terrain était excessivement garni de bruyère et de grandes herbes, il faudrait, ou le

cultiver quelques années auparavant le semis ,
par des labours réitérés, ou le défricher à bras
d'hommes, par bandes ou emplacemens à 3 ou
4 pouces de profondeur.

M. Bosc, page 84 du tome X, dit aussi que,
pour créer des forêts de pins, une demi-culture
préparatoire vaut mieux qu'une pleine culture.

. D'un autre côté, dans la forêt de Fontainebleau, où le sol est un sable cristallin et mouvant, et où les semis ont réussi à souhait, on
a labouré le terrain à bras d'hommes dans les
parties planes comme dans celles inclinées ,
ainsi que dans les intervalles des grosses roches
qui sont si multipliées sur ce qu'on appelle le
rocher d'Avon, faisant face au château, vers l'aspect méridional de celui-ci.

Dans les forêts de Rouvray et de Roumare ,
près Rouen , où le sol est plane et formé d'un
sable-gravier, on a employé, pour y semer des
pins, trois manières : 1°. on a semé sur le remuage opéré de la terre par l'effet de l'arrachis
des pins qui y avaient été semés quarante à cinquante ans auparavant; 2°. on a aussi semé, sur
un simple hersage fait à travers la bruyère, avec
une forte herse à dents de fer, qui formaient
des petites raies; 3°. on a encore semé sur un,
et quelquefois sur deux labours faits à la charrue,

et suivis de hersages pour dresser le terrain. Tous ces semis ont également réussi, avec cette différence que celui fait sur le hersage à travers la bruyère est plus lent dans son accroissement au début à la vie.

A la terre de Perrouselle, chez M. de Bergon, près le Neubourg, où le sol est assez fortement incliné, et où il est très-tassé et très-caillouteux, on l'a défoncé à bras d'hommes par bandes de 2 pieds de largeur, avec des intervalles non défrichés de 4 pieds aussi de largeur. On a pelé la superficie de ces 2 pieds en levant en gazon la première couche de terre, et renversant ce gazon sur les intervalles; après quoi on a défoncé la terre de ces 2 pieds à la profondeur d'un pied, et on a ôté les plus gros cailloux. Le semis a généralement réussi : il est particulièrement admirable sur le coteau qui regarde le midi, sur-tout dans l'espèce maritime, car on y a semé aussi du pin sylvestre.

A la jolie terre du Bois David, appartenante à M. de Ribard, de Rouen, près de Brionne, le sol est semblable à celui de Perrouselle. Dans des endroits où il est plane, et qui étaient des clairières d'un très-mauvais bois de bouleau, on a fait une assez grande quantité de défrichemens en bandes de 3 pieds de largeur, avec des inter-

valles non défrichés. Ils ont été faits à bras d'hom.
mes, et défoncés à la profondeur de 18 pouces.
Les semis qui y ont été faits uniquement en pin
maritime sont très-prospères.

Sur les friches de Presle ou des Mares-Plates,
qui dépendent de la terre de Bazemont, appar-
tenant à M. et à madame de Chalandray, à l'extrémité occidentale de la forêt des Alluets, qui
est une continuité de celle de Marly, le sol est
parsemé de pierres meulières; mais il n'est point
tassé comme à Perrouselle et au Bois David. On
y a défriché la lande à bras d'hommes, tantôt
en plein, tantôt seulement par un simple pelage
fait par bandes qui souvent n'ont que 15 pouces
de largeur, avec des intervalles non défrichés du
double de cette largeur, et sur lesquels on a
renversé les gazons provenus des pelages sous
lesquels on n'a pas défoncé le terrain comme à
Perrouselle et au Bois David, où, comme je
viens de le dire, le sol est bien autrement tassé.
Tous les semis faits sur ces deux sortes de défrichemens ont plus ou moins bien réussi. Il y
en a des parties qui sont même admirables par
la quantité des sujets, par leur force et par leur
beauté.

Cette manière de préparer le sol est particulièrement enseignée par M. Hartig, en son *Ins-*

truction sur la culture des bois, comme je l'ai rapporté page 53; elle l'est aussi par M. Fanon, pages 32, 33 et 34 de ses observations.

Au pays du Maine, où le sol est plane et composé d'un sable mouvant, on laboure les landes qu'on veut transformer en pinières; on les laboure, dis-je, à la charrue. Les uns se bornent à labourer par bandes, avec des intervalles non défrichés où on ne sème pas, ce qui forme une sorte de demi-culture. D'autres labourent en plein, et l'un et l'autre réussissent également. On se contente ordinairement d'un seul labour suivi d'un hersage au moment du semis, pour dresser le terrain; d'autres fois, mais c'est rare, on prépare le terrain par des labours répétés comme pour semer le blé, et M. Thoré, un des principaux créateurs de bois, au Mans, m'a fait l'honneur de me dire s'en être bien trouvé.

Dans mon mauvais sol siliceux d'Harcourt, de Valleville et de Beauficel, généralement semblable à ceux de Perrouselle et du Bois David, j'avais en landes des parties planes, et j'en avais qui étaient, les unes inclinées, les autres escarpées. J'avais, dans mes mauvais bois, de grandes clairières, et j'y en avais de petites. Les unes étaient en terrain plat, et les autres étaient ou inclinées ou même escarpées.

Dans les parties planes, tant en landes qu'en grandes clairières, où ma charrue à défricher pouvait entamer le sol, je n'ai fait précéder mes semis que d'un seul labour, d'autant plus rustique que le terrain était plus tassé, plus cailouteux, et qu'il se rencontrait dans les clairières des vieilles souches ou racines de bois. Mes semis ont réussi; ils sont toutefois plus prospères dans les parties qui étaient en landes, qu'ils ne le sont dans les anciennes clairières.

Dans les parties escarpées, ainsi que dans les petites clairières de mes bois, j'ai fait faire à bras d'hommes des défrichemens de 3 à 6 pouces de profondeur, quelquefois plus, sur une longueur quelquefois indéfinie, et d'autres fois de 1, 2, 3 et 6 pieds, sur une largeur de 1, 2, et au plus de 3 pieds, avec des intervalles non défrichés; ce que j'ai trouvé enseigné autant par M. de Perthuis père, pages 285 et 286, que par M. Hartig et par M. Fanon, que j'ai cités il y a un moment. Dans tous ces défrichemens à bras de diverses sortes, mes semis de pins ont plus ou moins réussi; mais ç'a été à un moindre degré et avec plus de lenteur que dans les grandes clairières labourées à la charrue.

En outre, j'ai fait faire dans trois parties qui sont ou inclinées ou escarpées, de simples houillages du sol, par bandes de 3 pieds de largeur, sur une longueur indéfinie, avec des intervalles laissés en landes. Les semis que j'ai fait faire sur ces houillages, en 1812 et en 1813, ont très-bien réussi, mais avec des progrès plus lents que dans les parties labourées à la charrue. Cette différence dans l'accroissement est d'autant plus sensible, qu'à côté et le long de l'un de ces semis fait au commencement de 1813, j'en ai fait exécuter à la mi-mai de la même année, sur un seul labourage rustiquement fait, à la charrue, dix-huit mois auparavant, et que celui sur labour est beaucoup plus avancé que celui fait sur les houillages.

Enfin, il m'est arrivé de faire des semis de pins à l'aventure, je veux dire dans des clairières plus ou moins garnies d'herbes, et surtout de bruyères. J'en ainsi semé, principalement en 1812, 1813 et 1814, et ç'a été assez en grand, puisque j'y ai consacré plusieurs boisseaux de graines de pin maritime, et 15 livres pesant de graines de pin sylvestre d'Écosse. Mais, dans les parties où j'ai obtenu le plus de succès, il n'a point été en proportion avec la quantité des graines que j'y avais consacrées, et l'accroissement des sujets a été jusqu'à présent beaucoup plus lent que dans les sols préparés, sur-tout que dans ceux qui l'ont été à la charrue; dans d'autres endroits, je n'ai obtenu que peu, et même, dans quelques-uns, pour ainsi dire aucun succès ; en sorte que je regarde les semis faits à l'aventure, sans aucune préparation du sol, et par imitation de ce que fait la nature, comme n'étant pas susceptibles d'être mis au rang des pratiques à adopter.

De tout cela, je conclus que les cultures préparatoires des semis de pins peuvent être très-rustiques. Celles soignées ne sont point indispensables; mais elles me paraissent utiles et avantageuses pour accélérer la levée des graines, et pour la promptitude de l'accroissement des sujets qui en proviennent.

Du reste, la culture préparatoire est plus facile, ou, au contraire, elle est plus difficile, et en outre elle est différente selon l'espèce du sol, selon qu'il est en landes, ou qu'au contraire il est en culture; qu'il est en plaine, ou qu'au contraire il est escarpé; qu'il est en grandes clairières, ou au contraire en petites clairières; qu'il est sans cailloux ni pierres, ou qu'au contraire il y a en a qui empêchent le travail de la charrue.

Ainsi on n'est pas toujours libre d'employer le moyen de la charrue pour préparer son terrain à être semé en graines de pins. Il faut souvent recourir aux travaux à bras d'hommes. Le premier moyen est tout-à-la-fois plus expéditif, plus économique, et même plus avantageux à la prospérité et à la promptitude de l'accroissement des jeunes pins.

D'après ce que j'ai remarqué et observé sur la profondeur des labours et des défrichemens à bras d'hommes, je ne doute pas que cette profondeur ne soit avantageuse sous ce double rapport de prospérité et de promptitude dans l'accroissement des sujets provenant des semis ; mais une profondeur de 6 pouces me paraît suffisante.

Au surplus, il y a toujours une distinction à faire entre les deux espèces de pins. Le maritime s'accommode certainement mieux que le sylvestre d'une préparation rustique ; quant au pin sylvestre, la terre ameublie et rendue veule est constamment plus utile. M. de Musset de Cogners m'en a particulièrement fait plusieurs fois l'observation.

Doit-on mettre un intervalle entre la préparation du sol et le semis ?

Selon ce que j'ai eu occasion d'expérimenter personnellement, et ce que j'ai entendu dire

dans le Maine et ailleurs, l'intervalle entre la préparation du sol et le semis est toujours une
chose utile, souvent nécessaire, et quelquefois
indispensable.

Cela est d'ailleurs la conséquence à déduire
des principes généraux d'agriculture, suivant
lesquels une terre, si bonne et si avantageuse
qu'elle soit à la production, n'est néanmoins
propre à la végétation des plantes qu'autant
qu'elle est imprégnée des météores atmosphériques. Ainsi une terre nouvellement défrichée
et retournée, est ou impropre à la végétation des
graines qu'on y répand; ou elle y est moins propre
immédiatement après son défrichement, qu'elle
ne l'est après que sa superficie mise à l'air s'est
saturée et s'est approprié les élémens propres à
la végétation des plantes.

Il doit, au surplus, résulter de ces principes
généraux, que la nécessité de l'intervalle entre
la préparation du terrain et son ensemencement
varie dans son étendue selon la qualité ou l'espèce de ce terrain; c'est-à-dire, selon qu'il est
compacte, ou qu'au contraire il est léger; selon
aussi qu'il est aigre ou humide, ou qu'au contraire il est sain et sec; selon encore qu'il est
ferme et tassé, ou qu'au contraire il est mouvant; selon qu'il est en friche ou qu'il est déjà

en culture ; selon que les labours préparatoires aux semis sont profonds, ou qu'au contraire ils le sont peu.

Au pays du Maine, où le terrain est sablonneux, et par conséquent très-perméable aux météores atmosphériques, on est assez dans l'usage de mettre un intervalle de plusieurs mois entre la préparation du sol et le semis. J'ai entendu dire à M. Thoré qu'il s'attachait à faire faire ses labours dès l'été qui précède ses semis du printemps. Cependant il est des cultivateurs de ce pays du Maine qui, ne défrichant les landes que par bandes et non en plein, sèment leur graine de pins immédiatement et à mesure du labourage, et qui obtiennent des semis prospères.

Dans les forêts de Rouvray et de Roumare, où le sol est graveleux, par conséquent aussi très-perméable, on m'a témoigné l'opinion, mais sans l'étayer de raisons, que, moins on mettait d'intervalle entre la préparation du sol et l'ensemencement, plus celui-ci était avantageux.

Aux environs de Bergerac, en Périgord, où opérait M. Poussou d'Hollande, en terrain excessivement maigre, il ne mettait, pour ainsi dire, pas d'intervalle entre le défrichement, qu'il faisait faire très-superficiellement, de la lande, et le semis; il suffisait, à ce qu'il m'a fait l'honneur de me mander, que le soleil vif de la contrée passât vingt-quatre heures sur le défrichement pour rendre le sol susceptible d'être ensemencé avec beaucoup de succès le premier jour de petite pluie qui s'ensuivait.

A Beernem, en Flandre, par conséquent dans un sol bien différent du Périgord, feu M. Vandenbogaerde, qui a créé la forêt de ce nom de Beernem, faisait écobuer le sol au printemps, labourer à l'automne, et semer ses graines de pins seulement au second printemps.

A Perrouselle, près le Neubourg, en Normandie, où le sol est très-tassé et où les semis de pins sont particulièrement prospères, on a mis, et avec intention, un intervalle de plusieurs mois entre la préparation du sol, faite par un défoncement à bras d'hommes, d'un pied de profondeur, et le semis.

Personnellement j'ai mis, en général, dans mon terrain tassé comme à Perrouselle, plus ou moins de distance entre mes préparations du sol et son ensemencement. Mes semis sont plus particulièrement avantageux là où j'ai mis un intervalle de plusieurs mois. Il m'est bien arrivé de faire semer des graines de pins et des graines de bouleau sur des labours et sur des défrichemens à bras tout récens; mais ces semis ont été moins prospères, ils ont même été absolument nuls à l'égard du bouleau, sur une assez grande étendue, que je fis semer presque aussitôt son défrichement à la charrue. J'attendis un an sans que le semis parût; alors je fis réensemencer, avec succès, toujours du bouleau, sur la moitié de ce terrain. J'attendis deux ans, mais aussi infructueusement, pour l'autre moitié; et, d'après cette expérience, j'ai cru pouvoir conclure que, dans ma localité, où le terrain en friche est excessivement tassé, il fallait nécessairement mettre un intervalle de quelques mois entre le défrichement et le semis.

A quelle époque de l'année doit-on semer les Pins?

Je réponds sans hésiter que c'est au printemps. Cette époque est indiquée par la nature, car c'est alors que les pommes de pins s'ouvrent par l'effet des premières chaleurs, et par conséquent, c'est à cette époque que la nature sème.

Mais la durée de cette époque est assez longue; elle s'étend à plusieurs mois, ce qui est un grand avantage lorsqu'on veut créer des bois et forêts.

M. de Burgsdorf, qui parle du climat d'Alle—
magne, pages 230 et 231 du tome II, étend la
durée de cette époque à deux mois, en disant
que c'est depuis la fin d'avril jusqu'à la Saint-
Jean. Il observe qu'il est plus avantageux de
semer la graine de pin durant la sécheresse des
mois de mai et de juin, que de la semer aupa--
ravant, par la raison, dit-il, qu'en semant de
meilleure heure, elle germe plus tôt, mais que
la sécheresse fait périr les jeunes plants.

M. Hartig, qui parle aussi du climat d'Alle—
magne, indique, page 99 de son Instruction sur
la culture des bois, également l'espace de deux
mois ; mais ce sont ceux d'avril et de mai.

M. Juge de Saint-Martin, qui parle du climat du Limosin, indique, page 54, l'intervalle du
15 mars au 20 mai, comme le plus favorable,
en observant cependant qu'il a semé depuis le
mois de février jusqu'au mois d'août.

M. Poussou d'Hollande, qui opérait en Périgord sur du pin sylvestre de Riga, le semait
avec succès depuis le mois d'avril jusqu'au
mois d'août. Moi-même, j'en ai semé à la fin
de juillet 1819, d'une façon qui me paraissait
satisfaisante trois mois après.

M. Bosc, page 84 du tome X, recommande
de ne semer que lorsque les gelées ne sont plus

à craindre, parce que le pin germant y est sensible lorsqu'il n'en est pas abrité ; cependant,
M. Thomas, de Genève, par qui mon ami,
M. Borel, citoyen de cette ville, m'a procuré en
février 1813 des graines de pin, de mélèse, de
sapin et d'épicéa, m'observa de les semer toutes
le plus tôt possible, parce que, disait-il, les
graines résineuses ne craignent pas la gelée.

Dans les forêts de Rouvray et de Roumare,
on a semé, dans les mois de mai et de juin, avec
un succès à-peu-près égal.

Dans la forêt de Fontainebleau, les semis
se sont faits avec beaucoup de succès dans les
mois de mars, d'avril, mai, juin, et même de
juillet.

A Perrouselle, chez M. de Bergon, où les
semis sont particulièrement prospères, on les
a faits en mai et juin.

Au Bois David, chez M. de Ribard, où les
semis sont également prospères, on les a faits
dans le mois de mars.

Chez moi, où le sol et le climat sont les
mêmes qu'à Perrouselle et au Bois David, j'ai
semé avec succès, dès la fin de février, et dans
les mois de mars, avril et mai. J'ai même
semé, mais moins en grand, en juin 1818, par
un temps humide ; j'ai aussi semé avec succès

une assez grande étendue de terrain en juin et juillet 1819, en graines de pins maritime, d'Écosse, Laricio et de Riga.

Dans le Maine, les uns préfèrent les mois de mars et d'avril; mais d'autres personnes donnent la préférence aux mois d'avril et de mai.

J'ai vu aussi dans le Maine, des personnes qui étaient partisans des semis de la fin d'automne, c'est-à-dire, des mois de novembre et de décembre, pourvu que ce fût dans des terrains planes, qui ne fussent pas exposés à l'écoulement des eaux, comme dans les endroits ou inclinés ou escarpés. J'ai bien personnellement fait des semis d'automne en 1812, 1814, 1815, 1816 et 1819; mais ce n'a point été assez en grand pour en prendre une opinion. Je l'avais voulu essayer de cette façon à l'automne 1818; mais faute de temps opportun, mes semis n'ont été exécutés qu'au mois de janvier 1819; à la vérité, ils se montrent très-satisfaisans. Enfin, j'en ai fait exécuter en octobre 1819, mais j'ai besoin du temps pour les apprécier.

Au surplus, il y a à considérer sur les semis d'automne, qu'ils ont l'inconvénient d'être plus exposés que ceux du printemps aux ravages des mulots qui en paraissent excessivement friands.

Et il y a aussi à considérer que ces semis

d'automne ne peuvent guère se faire qu'en graines plus ou moins vieilles ; car celle de l'année n'arrive à maturité qu'à la fin de l'automne ou dans le commencement de l'hiver, et le travail de son extraction des pommes ne permettrait pas de la semer en grand dès cette époque, outre que peut-être ne serait-elle pas assez faite, tandis que la graine de l'année, ou des années précédentes, ne peut que gagner à être semée de bonne heure, parce que plus elle est vieille, plus elle est long-temps à lever après son ensemencement.

Quantité de semence à employer par hectare.

Il faut distinguer entre le pin maritime et le pin sylvestre, parce que le volume de leurs graines est tellement différent, qu'un kilogramme de graines maritimes n'en contient qu'environ 20 mille, tandis qu'en sylvestre le même poids donne environ 140 mille graines.

Il faut, d'un autre côté, prendre en considération si la graine est fraîche, ou si au contraire elle est vieille, en ce qu'à cet égard, comme à celui des autres espèces, moins elles sont fraîches, moins elles sont fertiles (1), et plus,

____

(1) M. Féburier observe, page 130 et suivantes, que non-seulement les vieilles graines sont plus tardives à

par conséquent, il en faut employer pour semer la même étendue de terrain.

Il y a aussi à considérer que certaines années, les graines sont plus fertiles qu'en d'autres années. Il paraît que c'est lorsque les graines sont plus abondantes, qu'elles sont plus fertiles.

Si donc on est dans le cas de croire à une infériorité dans la bonne qualité ou dans la fertilité des graines qu'on emploie, il est bon d'en augmenter la quantité.

Enfin, pour déterminer cette quantité telle qu'il convient de l'employer pour ensemencer une étendue d'un hectare, il faut distinguer le cas où le sol est plane et labouré en plein, d'avec le cas où cette étendue de terrain est escarpée, et même dans le cas où, étant plane, on ne l'aurait néanmoins labouré que par bandes ou rayons. Dans le premier cas, il y a plus de surface de sol à ensemencer, et par conséquent, il faut une plus grande quantité de semence, que dans les deux autres cas.

---

germer, mais qu'elles donnent des sujets plus faibles ou moins vigoureux. L'expérience, dit encore M. Féburier, *art. Melon du nouveau Cours complet d'Agriculture,* page 252 du tome **VIII**, a démontré que les graines nouvelles avaient une végétation plus prompte et plus vigoureuse que celles conservées plusieurs années.

M. de Burgsdorf, qui ne parle que du pin sylvestre, enseigne, page 557 du tome II, l'énorme quantité de 15 kilogrammes ou 5o livres par hectare lorsqu'on sème en plein, et seulement 5 à 6 kilogrammes lorsqu'on sème en rayon. Mais M. Baudrillart, son traducteur, m'a fait l'honneur de m'écrire que cette quantité était trop forte ; il la réduit pour le premier cas à 12 kilogrammes, ce qui est encore beaucoup, comme on en jugera par les autres opinions que je vais rapporter. Mais cette grande quantité est également indiquée par M. Hartig, dans un ouvrage postérieur à son Instruction sur la culture des bois, à ce que j'ai appris aussi de M. Baudrillart.

MM. Peuchet et Chanlaire disent dans leur Statistique des Deux-Nèthes, page 13, que dans la Campine on sème la graine du pin sylvestre ou sauvage, à raison de 20 livres par hectare.

A Beernem, près Bruges, M. Vandenbogaerde employait 12 à 15 livres par hectare.

En Périgord, M. Poussou d'Hollande indiquait la quantité de 12 livres par hectare.

M. de Turbilly, dont la terre près la Flèche était sur les confins de l'Anjou et du Maine, observe, pages 14 et 15, qu'au Maine on emploie 5o livres pour ensemencer une étendue d'ar-

pent d'Anjou, mais que l'expérience lui a appris
que moitié de cette quantité suffisait. Arthur
Young nous apprend, page 3o5 du tome Ier.,
que c'est du pin maritime dont il est question.
Quant à l'arpent, M. de Turbilly n'en explique
pas l'étendue; pour y suppléer, j'observerai,
d'après l'ouvrage de Gattey sur cette matière,
qu'aux départemens de Maine et Loire et de la
Sarthe, il y a trois sortes d'arpens, savoir :
celui de 25 pieds à la perche, équivalant par
conséquent à presque 66 ares; celui de 22 pieds
représentatif de 5r ares; et celui de 21 pieds
8 pouces, équivalant à 49 ou 5o ares.

Feu M. Leboul, habitant du Mans, à qui je
dois le service de m'avoir procuré les premières
graines de pins que j'ai semées avec beaucoup
de succès, à partir du commencement de 1811,
et de m'en avoir envoyé de grandes quantités
dans les deux espèces, m'a expliqué, dès 1807,
qu'il employait 4o à 45 livres de graines de
pin maritime pour ensemencer un arpent d'ordonnance, et seulement deux livres lorsqu'il
ensemençait en pin sylvestre d'Écosse, parce
que, selon lui, une livre de pin sylvestre équivalait à 20 livres de pin maritime; cependant
j'ai vérifié qu'une livre de graines maritimes ne

contenait que sept fois autant de graines qu'une livre de sylvestre d'Écosse.

En allant au pays du Maine, en juillet et août 1818, j'ai trouvé les opinions divergentes sur la quantité de graines à employer; on n'a pu m'en préciser que sur l'espèce maritime; à son égard, j'ai entendu dire à M. Demenjot d'El-benne, que dix livres suffisaient pour ensemen-cer un arpent d'ordonnance. M. Ledoux, ins-pecteur des forêts, m'a témoigné la même chose. M. de Musset de Cogners m'avait fait l'honneur de m'expliquer, dès le mois de décembre 1814, que, pour ensemencer un journal équivalant à 43 ares, on employait 7 à 8 livres de graines maritimes, et seulement 3 livres, si le semis se faisait en pin sylvestre; mais qu'il doublait, triplait même ces quantités, parce qu'il trouvait que les semis épais se défendaient mieux.

M. Juge de Saint-Martin enseigne, page 56, d'employer par arpent l'excessive quantité de 6o livres; je suppose que c'est du pin maritime dont il parle, et dès-lors c'est au moins 6oo mille graines qu'il propose d'ensemencer, tandis que, en glands, il indique, pour semer très-épais, pages 47 et 48, seulement la quantité de 122 mille 4oo graines. Dans cette dernière proportion il suffirait de 12 à 13 livres de graines de pin maritime.

M. Bosc, page 86 du tome X, recommande de semer épais; mais il observe que ce serait folie de le faire au même degré que le blé. En effet celui-ci n'est qu'une plante annuelle, au lieu que les pins sont destinés à végéter plus ou moins d'années. Le moins qu'on sème en blé, par arpent d'ordonnance, c'est un quintal ou 100 livres pesant, c'est-à-dire, 900 mille ou un million de graines ; pour semer aussi épais en pin maritime il faudrait environ 100 livres pesant, et il m'est évident que ce serait tout à-la-fois excessif et nuisible à la prospérité du semis.

Dans les forêts de Rouvray et de Roumare, j'ai trouvé une contradiction manifeste dans ce qui m'a été dit de la quantité de graines employées pour y semer ; je n'ai eu d'explication que pour l'espèce maritime. Selon les uns on emploie 30 à 40 livres par arpent d'ordonnance ; mais selon ce que M. l'inspecteur Ricard, à qui j'ai tant d'obligations sur la connaissance des nombreux semis de ces deux forêts, m'a fait l'honneur de m'écrire, ce n'est que 10 livres.

Personnellement je n'ai semé seule et en plein, sur un labourage à la charrue, que de la graine

de pin maritime, parce que mes semis en sylvestre ont été, ou mélangés avec l'autre espèce,
ou faits, soit dans des clairières ou sur des défrichemens à bras d'homme, confectionnés çà
et là, soit enfin par réensemencement, dans des
endroits précédemment semés sans succès complet en graines de bouleau; en sorte que sous le
rapport de la quantité à employer dans un terrain labouré à la charrue et en plein, je n'ai
d'expérience que pour le pin maritime; à son
égard j'ai employé 3o à 35 livres par arpent d'ordonnance, et mon semis aurait pu être moins
épais sans être moins prospère.

En résultat, je pense qu'on peut, lorsque la
graine est fraîche et de bonne qualité, prendre
pour règle d'employer 15 ou 20 livres de graines
de pin maritime par arpent d'ordonnance ou
demi-hectare labouré à la charrue et en plein,
ce qui donnerait 150 à 200 mille graines par
arpent d'ordonnance, et 3 à 4 graines par chaque pied superficiel, et seulement 3 à 4 livres
en graines de pin sylvestre ou d'Écosse; c'est-
à-dire, 210 à 280 mille graines par pareil arpent,
et par conséquent 5 graines par chaque pied
superficiel. Cette quantité est plus forte que
pour le maritime; mais je pense que plus les
graines sont fines, plus la quantité doit être su-

périeure à celle des grosses semences ; ces quantités pourraient être moindres, si, au lieu d'être
labouré en plein, le terrain n'était défriché que
par bandes ou rayons, soit à la charrue, soit à
bras d'homme.

*Faut-il recouvrir, à la herse ou autrement, les
semis de Pins, et à quelle épaisseur?*

Pour résoudre cette question, je dirai :

Premièrement, les principes en cette matière
sont que plus les graines sont petites et légères,
moins il faut les recouvrir ;

D'un autre côté, les graines des espèces qui,
comme les pins, le hêtre et quelques autres,
poussent leur coque en dehors au moment de la
germination, exigent, en raison de cette circonstance, d'être encore moins recouvertes de
terre que les autres graines du même volume
et du même poids, comme l'observent, entre
autres personnes, M. de Buffon, page 288, et
M. Juge de Saint-Martin, page 6.

M. Bosc, à l'article *Oxigène*, page 330 du
tome IX, observe de son côté, sur cette matière,
qu'il faut que le gaz oxigène soit en contact avec
les graines pour qu'elles germent ; il faut qu'il
agisse sur elles ; d'où on doit conclure, ajoute-

t-il, qu'il ne faut pas les enterrer trop profon-
dement. Il y a, ajoute encore M. Bosc, une grande
variété dans la quantité de gaz oxigène que demande chaque graine pour germer. Il est très-
difficile de déterminer cette quantité exacte-
ment, mais elle doit l'être sur son poids, et non
pas sur son volume. A l'article *Germination*,
page 386 du tome VI, M. Bosc observe aussi
que la profondeur où est placée la graine doit
être telle que sa plumule puisse s'allonger jusqu'à la surface du sol, et qu'il faut que le terrain ne soit pas tellement tenace que la plumule
ne puisse le percer.

Secondement, on sent, d'après ces règles générales, qu'il faut dans la pratique distinguer
entre les deux espèces de pins maritime et sylvestre ; la graine du premier est tout à-la-fois
plus pesante et d'un plus gros volume que celle
du sylvestre. La différence de l'un à l'autre quant
au poids est comme de 1 à 7 ; il en est à-peu-
près de même pour le volume ; ainsi les semis
de pins sylvestres doivent être recouverts à une
moindre épaisseur que ceux de pins maritimes.

La qualité du sol exerce aussi une influence
sur l'épaisseur du recouvrement des graines ;
plus le sol sera léger et perméable au gaz oxigène, et plus cette épaisseur pourra être forte.

Il faut aussi prendre en considération la préparation donnée au terrain; si c'est un labour unique et fait d'une façon rustique sur une lande ou une friche, le recouvrement des graines pourrait avoir le grave inconvénient de les ensevelir sous les gazons et les mottes de terre. En un tel cas je suis convaincu qu'il vaut mieux ne point herser le semis; les graines se trouveront suffisamment enterrées et abritées dans les cavités qu'un labour de cette sorte offre dans toute sa superficie. Je me suis bien trouvé d'en avoir agi de cette façon, et je l'ai fait assez en grand, notamment en 1811 et 1813, et avec un tel succès que je puis manifester cette opinion avec confiance. Mais si le labour était soigné, que la terre fût rendue meuble, le hersage doit être nécessaire; enfin lorsque la préparation du sol a été faite à bras d'homme, alors le terrain n'offrant pas de cavités à sa superficie, ou n'en offrant que bien peu, et le sol se trouvant dans un état meuble, les semis doivent être suivis d'un travail au râteau ou au balai de ronces, houx, épines ou chose équivalente, pour recouvrir la graine.

Troisièmement, cependant M. de Burgsdorf, qui parle d'un sol sablonneux et du seul pin sylvestre, dit positivement aux pages 237 et

238 du tome II, que les semis de pins ne doivent nullement être recouverts, et qu'il faut que la semence reste à nu sur le sol.

Mais M. Hartig, qui, comme M. de Burgsdorf, habite l'Allemagne, recommande, page 100 de son Instruction sur la culture des bois, de herser ou de râteler la superficie du terrain après le semis, de manière à mêler la semence avec la terre, ou à la recouvrir très-légèrement.

M. Duhamel Dumonceau, qui, à Vrigny, près la forêt d'Orléans, opérait sur un sol sablonneux, dit aux pages 282 et 283, sans distinguer entre les deux espèces qu'il cultivait l'une et l'autre, qu'il faisait répandre leur semence sur le guéret, et qu'il ne la faisait enterrer qu'avec la herse pour qu'elle fût moins recouverte de terre, sur-tout, ajoute-t-il, pour les espèces dont les graines sont fines.

M. de Turbilly, qui, page 16, explique qu'il opérait sur un sol sablonneux, enseigne à la page 13 de recouvrir la graine de pin à l'épaisseur d'un pouce; et c'est du seul pin maritime dont il parle, à ce que nous apprend Arthur Young, page 305 du tome Ier.

M. Bosc, qui fortifie son opinion de celle de M. Thouin, explique, pages 452 à 456 du tome XI, la nécessité de recouvrir plus ou moins les

graines semées par la main de l'homme, à l'exception des plus fines, telles, par exemple, que
celle de Bouleau.

Le Dictionnaire de Rozier, de chez Buisson,
page 376 du tome V, cite l'épaisseur de 6 lignes,
comme celle dont il faut recouvrir la graine de
pin, sans distinguer entre les deux espèces,
mais en observant que celle trop enterrée ne
lève pas.

Dans la Campine où le terrain est sablonneux, on recouvre la graine de pin sylvestre
par le moyen de la herse, à ce que rappor-
tent MM. Peuchet et Chanlaire, en leur Statistique des Deux-Nèthes, page 13.

A Beernem près Bruges, en Flandre, M. Ven-
denbogaerde, qui cultivait les deux espèces
de pins, en faisait recouvrir la graine avec le
râteau, ou avec la herse, ou bien avec un ra-
deau garni de ronces ou d'épines.

Au Pays du Maine, où le sol est plus ou
moins sablonneux, on recouvre les semis de
graines de pin maritime par le moyen tantôt
d'une herse, tantôt d'une bourrée d'épines. On
n'en agit pas autrement lorsqu'il arrive que le
semis est fait en graines de l'espèce sylvestre
ou d'Écosse.

Dans la forêt de Fontainebleau, où le terrain

est si sablonneux, et où il a été préparé à bras d'homme, on a recouvert par le moyen du râteau, les nombreux semis qui y ont été faits en pin maritime, et en pin sylvestre ou d'Écosse. Ces semis sont d'une grande prospérité.

Dans les forêts de Rouvray et de Roumare, dont le sol est graveleux, on a dit ailleurs, 1°. que sur le semis de 50 arpens d'ordonnance, fait sur un simple hersage à travers la bruyère, 2°. et que sur le réensemencement du terrain semé pour la première fois en 1756 et années suivantes, on a, dis-je, préalablement aux semis faits en plus grande partie en pin sylvestre, et seulement un peu en pin maritime, dressé et uni avec la herse le terrain précédemment labouré à la charrue ; puis on a semé, et ensuite on a recouvert les graines par le moyen d'une herse légère. Selon ce que rapporte M. Duhamel, page 313, le semis de 1756 et des années suivantes, fait uniquement en pin maritime, avait été recouvert aussi par le moyen de la herse.

A Perrouselle, chez M. de Bergon, où le sol est excessivement maigre et d'un graveleux silex, les semis qui y ont été faits dans les deux espèces de pins, sur des défrichemens à bras d'homme, de 2 pieds de large sur 1 pied de profondeur, avec des intervalles non défrichés de 4 pieds de

largeur, ont été recouverts par le moyen du râteau. Les semis sont très-prospères.

Au Bois David, chez M. de Ribard, où le terrain est semblable à celui de Perrouselle, et où
on a également défriché à bras d'homme, par
bandes, à la profondeur de 18 pouces, avec des
intervalles non défrichés, on a formé, avec le
manche d'un râteau, des lignes semblables à
celles qu'on fait pour les graines potagères dans
les jardins; puis on y a placé des graines de pin
de la seule espèce maritime, et on l'a recouverte
en ramenant sur ces lignes la terre des bords,
tantôt avec le râteau, tantôt même avec le pied
de l'ouvrier. En général ces semis sont superbes;
mais on a remarqué que les derniers faits étaient
plus tardifs, ce qu'on a attribué à ce que la graine
avait été trop enterrée dans un sol aussi maigre
et aussi caillouteux.

Dans mon terrain également graveleux et siliceux, j'ai semé de grandes parties, notamment
en 1811, 1812 et 1813, sur un seul labour rustique, exécuté sur des landes ou friches de toute
ancienneté. J'ai fait ces semis dans les deux espèces de pins, sans recouvrir les graines, excepté
une légère portion où, par expérience, j'ai, en
1811, fait passer une seule fois la herse à dents
de fer, après le semis, longitudinalement au

labourage, et mes semis sont beaux. La portion hersée très-imparfaitement s'est montrée d'abord inférieure au surplus, dans les deux premières années; mais depuis on n'a pu remarquer de différence.

J'ai aussi semé, à-peu-près comme M. Ricard l'a fait en grand dans la forêt de Rouvray, je veux dire que j'ai fait simplemeut houiller, à quelques pouces de profondeur, le terrain en landes, et cela par bandes de 3 pieds de largeur, avec des intervalles non défrichés. J'y ai fait répandre des graines de pins des deux espèces, sans les recouvrir, parce que le houillage offrait beaucoup de cavités, et mes semis sont bien prospères, sauf qu'ils sont plus lents dans leur accroissement que ceux faits sur labourage à la charrue, et sauf aussi que l'espèce sylvestre se montre moins avantageusement que l'espèce maritime, du moins dans les premières années de leur végétation.

J'ai, en outre, semé sur une grande quantité de défrichemens faits à bras d'homme, en m'abstenant de recouvrir la graine, ni maritime ni sylvestre, et en la laissant à nu sur le sol, comme l'enseigne si clairement M. de Burgsdorf; mais ces nombreux semis ont souvent manqué, et ils n'ont jamais donné un grand nombre de sujets.

Enfin, j'ai semé, sur de pareils défrichemens, mais en faisant recouvrir la graine, savoir : au râteau dans toute l'année 1818, au printemps et à l'été 1819, et seulement avec un balai de houx à l'automne 1819 et au printemps 1820. La généralité de mes semis recouverts au râteau est superbe. J'ai besoin du temps pour juger si ceux recouverts avec le balai de houx les égaleront ou s'ils les surpasseront en prospérité.

Quatrièmement, en résultat, il est évident, pour moi, que le recouvrement des graines de pins est nécessaire toutes les fois que la terre où on sème est rendue meuble ou veule; mais que ce doit être à une très-légère épaisseur, et que celle-ci doit être moindre pour le pin sylvestre que pour le pin maritime.

Il m'est également évident que si le semis s'opérait sur un seul labour rustiquement fait, soit d'une lande, soit de grandes clairières dans les bois, par conséquent sur un sol offrant, par ses cavités, suffisamment d'abris aux graines ; il m'est, dis-je, évident qu'en ce cas il serait inutile, que même il pourrait être dangereux de recouvrir les graines (1).

---

(1) Je ne parle pas du semis par le moyen des cônes ou pommes de pins qu'on répand sur la surface du sol, au

A quelle distance des semis les graines de Pins germent-elles ?

Il y a sur cela à considérer que plus les graines sont fraîches, plus elles germent promptement, en sorte que la distance du semis à la germination est plus rapprochée, ou qu'au contraire elle est plus longue, selon que les graines sont fraîches, ou qu'au contraire elles sont vieilles.

Il y a d'ailleurs des années où les graines sont plus fertiles, et d'autres années où elles le sont moins. Cette circonstance, qui est indépendante de la volonté de l'homme, exerce aussi une influence sur la promptitude de la germination ou de la levée des graines.

La température qui existe au moment du semis paraît exercer aussi une influence si caractérisée, que la levée des graines sera prompte, ou qu'au contraire elle sera tardive ; que le semis sera très-prospère, ou qu'au contraire il le sera moins

---

lieu d'y répandre leurs graines. M. de Burgsdorf en décrit le procédé d'une manière très-développée, aux pages 230 et suivantes du tome II. J'ai tenté, sans succès satisfaisant, l'emploi de ce moyen avec six cents pommes de pin laricio, en mars 1814, et avril 1816. Au surplus, ce semis ne comporte pas d'être recouvert ; d'un autre côté, je ne l'ai vu pratiquer nulle part.

ou peu, selon que cette température, au moment du semis, sera favorable ou qu'elle sera désavantageuse. J'ai, sur ce point de la culture, un grand nombre de remarques dont plusieurs m'ont été données par des laboureurs, et j'y donne d'autant plus de confiance, que M. Bosc parle dans leur sens à l'article *Semailles*, page 445 du tome XI.

Il en est constamment de même pour la température qui suit l'ensemencement : plus elle sera humide et chaude, plus les semis seront prospères, et se montreront promptement. Si au contraire la température est froide, sèche, desséchante, les semis seront lents à germer, et beaucoup de graines perdront leur vertu germinative.

Selon M. de Burgsdorf, qui parle du seul pin sylvestre, à la page 398 du tome Ier., les semis de graines de pins lèvent trois ou quatre semaines après qu'ils sont faits, tandis que, selon M. Hartig qui, page 103 de son Instruction sur la culture du bois, parle de la même espèce de pin, c'est quatre à six semaines après.

Selon M. Bosc, page 87 du tome X, la bonne graine lève en totalité la première année, et même en moins d'un mois, si la température est favorable.

M. de Tschudi, page 135, parle de six semaines ou environ, lorsque les graines sont bonnes, et qu'elles ont été bien soignées.

Dans le Maine, où la graine la plus fraîche qu'on emploie a un an de maturité, on a l'opinion que les graines des deux espèces de pin lèvent dans les deux mois de leur semis, si elles sont bonnes et fraîches ; sinon elles ne lèvent qu'un an, et même deux ans après. A ce sujet, j'observerai que M. Thoré, l'un des principaux créateurs de bois, au Mans, me disait, en 1818, qu'il prenait la précaution, dans ses semis de pins, de semer de la graine d'un an plus vieille que celle qu'il employait, parce que cette graine plus vieille levant plus tard, un an quelquefois, elle servait d'auxiliaire à l'autre lorsque, par intempérie de saison ou autrement, celle-ci périssait. Si au contraire elle prospérait, la plus ancienne en était étouffée et ne levait pas.

En 1811, le premier semis de pins que je fis faire en grand, et qui était en maritime, leva très-promptement ; au contraire, ceux que je fis en 1812 dans les deux espèces levèrent très-tardivement ; beaucoup même de graines, surtout en sylvestre, ne germèrent que l'année d'après.

En cette même année 1812, l'administration

forestière fit semer en Seine-et-Oise les pins
maritimes, qui appartiennent à M. et à madame
de Chalandray, et elle en fit également dans le
Mont–Tonnerre, où jusque–là on ne connais-
sait que l'espèce sylvestre : l'un et l'autre semis
ont réussi ; mais la levée de celui de Seine-et-
Oise fut prompte, tandis qu'en Mont–Tonnerre
il ne commença à se montrer qu'au mois d'août.

D'après cela on doit tenir pour certain que
la vertu germinative des graines de pins se conserve durant plusieurs années, à la différence
d'autres graines qui, comme les glands et les
faînes, ne la conservent pas au-delà d'une saison, à moins d'employer des moyens tout particuliers pour la leur conserver. M. Bosc, à
l'article précité, dit effectivement, en parlant
du pin sylvestre, que sa graine se conserve
bonne durant plusieurs années. J'ai ouï dire
que dans un semis il en levait durant cinq ans,
même pendant dix ans ; Miller, pag. 57 et 58,
parle même de vingt ans, et de cinq ans d'après
son expérience personnelle, mais en conservant
les graines dans leurs cônes. L'auteur de l'article
Pin de l'Encyclopédie assure en avoir semé
d'épluchées durant dix-huit années, en observant que les semis des cinq ou six dernières
années diminuèrent beaucoup à la production ;

mais il ne faut point perdre de vue, comme l'ajoute M. Bosc, que la graine est d'autant meilleure qu'elle est plus fraîche, et comme je l'ai rapporté de M. Feburier, que plus les graines sont fraîches, plus leur germination est active, et en outre plus les sujets qui en résultent sont vigoureux.

En résultat, et pour tout à-la-fois réduire la question aux termes les plus simples, et la résoudre, on peut, ce me semble, dire que les semis de graines de pins des deux espèces lèvent dans le premier et le second mois du moment où ils sont faits, et qu'ils continuent à lever durant les mois suivans, et même l'année et les années qui suivent celles du semis.

Faut-il donner des façons, telles que binages et sarclages, aux semis de Pins ?

Non, par la raison générale que les semis n'en demandent pas; que même ils leur seraient préjudiciables sous le double rapport de l'abri que les herbes, la bruyère même et les broussailles leur procurent, notamment contre les ardeurs du soleil, tout en leur nuisant à d'autres égards, et à cause du dommage que les binages, et même les sarclages, causeraient inévitablement aux racines des jeunes sujets, qui d'ailleurs ne pourraient être soumis à ces soins fort inutiles dans la culture en grand, qu'autant que le semis serait fait par rayons, bandes ou rangées, avec des intervalles vides, comme cela se pratique avec beaucoup d'avantages dans un grand nombre de cas de la culture arable.

Aussi M. Duhamel, page 283, avertit qu'il est dangereux de cultiver les pins dans les premières années. Il ajoute que cette observation, qui regarde particulièrement le pin, a son application à tous les arbres élevés de semence.

M. de Malesherbes, pages 146 et 166 du second Mémoire, dit aussi qu'après leur semis, les pins n'exigent aucune culture; qu'ils prennent insensiblement le dessus sur les herbes; qu'il ne faut jamais les sarcler contre le chiendent et les autres mauvaises herbes.

Le pin semé en place ne demande aucune culture particulière; il faut le laisser livré à lui-même, dit l'abbé Rozier, page 377 du tome V de son Dictionnaire de chez Buisson.

Dans les environs de Bruges, en Flandre, où la bruyère est si vivace qu'elle détruit les bois taillis, ni elle ni les mauvaises herbes qui commencent par couvrir le sol après les semis de pins, ne sont point extirpées. On y a expérimenté que ces sortes de semis n'en éprouvent aucun tort, qu'au contraire ils en sont d'abord abrités, et qu'ils finissent par étouffer leurs protecteurs.

Dans le Maine, où on cultive tant de pins par la voie du semis en grand, on ne donne à ces semis aucun autre soin que de les garantir par des fossés-banques, de l'incursion du bétail. Sous tous les autres rapports, ils sont abandonnés à la nature.

Dans les forêts de Rouvray et Roumare, où il y a quelques centaines d'arpens semés en pins, les uns maritimes, les autres sylvestres, ils ont été également abandonnés à la nature, et ils sont très-prospères.

A Perrouselle, chez M. de Bergon, où, dans son sol maigre et siliceux, on a défriché par bandes de deux pieds de largeur, avec des intervalles de quatre pieds non défrichés, on a cru, à quelques années du semis, que l'herbe laiche, qui garnissait abondamment ces intervalles restés en landes, nuisait aux jeunes pins. Alors, on a pelé ces intervalles une seule fois, et, de ce moment-là, les semis ont pris le dessus.

Dans mes semis, qui sont nombreux et assez étendus, qui sont faits les uns sur un seul labourage rustique à la charrue, d'autres sur des

défrichemens à bras d'homme par simples emplacemens, et d'autres sur de simples houillages
de la lande faits aussi à bras d'homme , par
bandes ou rayons avec des intervalles non houil-
lés, je n'ai fait donner aucune façon à ces semis,
et ils n'en sont pas moins prospères. Il m'est
bien arrivé de donner à faire, mais avec soin,
la bruyère qui semblait dominer les pins dans
quelques parties de mes semis; mais mon motif
déterminant a été de donner, à la classe ouvrière
de ma contrée, des moyens de travail , et à la
société des moyens de chauffage pour les fours,
et il ne m'a pas été démontré que la soustrac-
tion de bruyère, qui reparaît deux ou trois ans
après, fût avantageuse à mes semis, car elle les
privait de l'abri contre la sécheresse, et elle les
déchaussait souvent, tout en les délivrant de
cette plante gourmande, ce qui était un mélange
d'avantages et d'inconvéniens. Toutefois, dans
une partie où c'étaient des genêts qui gourman-
daient mes semis semés en 1813, je crois m'être
bien trouvé de les avoir donné à extirper avec
quelques soins, dans le courant de l'année 1817,
c'est-à-dire après quatre ans de semis.

Ainsi, en général, les semis de pins ne réclament aucune culture d'entretien. Souvent il serait dangereux de leur en donner. Ce n'est que

par exception, et dans des terrains rebelles, comme celui où je cultive, et où la bruyère, bien plus que les genêts et les ajoncs, est en possession du sol, qu'il peut être utile de les faire arracher ; mais j'ai expérimenté que le travail n'entraîne à aucune espèce de dépense. En y mettant quelque soin et quelque intelligence, j'ai procuré, par cette extraction de bruyère, de genêts et d'ajoncs, des moyens de travail à des habitans du lieu qui trouvent un bon produit dans ces plantes, les uns en les vendant aux consommateurs, les autres en les conservant pour leurs propres besoins, de manière qu'alors j'ai obtenu l'avantage des produits pour la consommation et les besoins du pays; l'avantage aussi des travaux que j'ai procurés à la classe ouvrière, outre et au par-delà du bien que cette extraction de bruyères et autres plantes a pu faire à mes semis.

Mais les semis de Pins n'exigent-ils pas d'être repassés, repeuplés, regarnis et restaurés ?

Effectivement, comme le remarque notamment M. Duhamel, page 326 et suivantes, il y a toujours dans les semis des endroits qui sont rebelles, qui offrent des vides et qu'il faut regarnir.

J'ai éprouvé cet inconvénient, je ne dirai pas dans mes semis de chênes, hêtres, charmes, ormes, frênes, châtaigniers, Sainte-Lucie et autres essences où définitivement je n'ai obtenu aucun succès; mais je l'ai éprouvé dans quelques parties de mes nombreux semis de bouleau qui ont une étendue de quelques centaines d'arpens parisiens, et qui m'ont généralement réussi ; dans ces semis de bouleau j'ai éprouvé ce qu'on appelle des fontes qui m'ont laissé des vides ; je les repasse et je les regarnis maintenant par le moyen du semis de graines de pins, après avoir fait travailler les emplacemens où je sème, à bras d'homme, en façon de houillage par lignes ou rayons plus ou moins longs, sur 3 pieds de largeur.

Mais, à l'égard des semis de pins, ils me paraissent ou exempts, ou n'être susceptibles qu'à un faible degré, du besoin de regarnissement. Dans le Maine on n'éprouve pas ce besoin ; dans la forêt de Fontainebleau, on ne l'a pas éprouvé. Dans les forêts de Rouvray et de Roumare, les vides qu'on y remarque, dans quelques parties de leurs grands semis, sont l'effet, à ce qui m'a été expliqué sur place, de la mauvaise exécution des travaux de labourage, du défaut de soins pour la conservation des graines, et de la mauvaise exécution de leurs semis. A Perrouselle et au Bois David, il y a peu d'endroits où les semis aient besoin d'être repassés, il n'y en a même aucun au Bois David. Chez moi, mes grands semis, faits sur labourage à la charrue, n'exigent pas, ou n'exigent qu'accidentellement d'être regarnis. Je n'en éprouve guère le besoin que dans les parties défrichées à bras d'homme, et ensemencées sans qu'on ait recouvert la graine qui a été laissée à nu, parce que j'ai voulu apprécier et juger, par des expériences répétées plusieurs années, le procédé enseigné d'une manière si expresse et si positive par le savant M. de Burgsdorf.

Il me semble donc qu'on peut dire à l'égard des pins, que leurs semis n'ont le plus souvent aucun besoin d'être regarnis, et que ce n'est que par exception qu'il leur arrive d'éprouver ce besoin.

Ce qu'il en coûte par hectare pour créer un bois de Pins.

Pour arriver à le savoir, il faut faire plusieurs distinctions.

1°. Si le terrain à meubler en pins est plane, il en coûtera moins pour le préparer à être semé ou planté, que s'il était escarpé.

2º. Si ce terrain est sablonneux comme dans la forêt de Fontainebleau, comme dans le Maine, ou simplement graveleux comme dans les forêts de Rouvray et de Roumare; il en coûtera également moins pour le préparer à être semé ou à être planté, que si le terrain était siliceux, caillouteux, dur et tassé, comme il se trouve être à Perrouselle, au Bois David, chez moi, et dans toutes les landes qui abondent aux environs de Brionne.

3º. Si le terrain est en bas-fonds et gélif, comme dans les endroits appelés combes par M. de Buffon, ou s'il est crayeux comme en Champagne, il faudra recourir à la voie de la plantation, et la dépense sera différente, selon qu'on voudra meubler totalement la superficie du terrain, ou qu'on voudra seulement le garnir de porte-graines, pour qu'il en résulte, à l'aide du temps qui agit si lentement, mais si sûrement, un semis naturel qui garnira suffisamment le terrain.

4º. Il y a encore à distinguer le cas où la préparation du sol à semer ou à planter en pins se fait à la charrue, d'avec le cas où cette préparation se fait à bras d'homme; comme il y a à distinguer le cas où le terrain est labouré en plein, d'avec le cas où il ne l'est que par bandes, et du cas où il ne l'est que par emplacement.

5°. Enfin, il y a à distinguer entre les deux espèces de pins, je veux dire entre le sylvestre et le maritime, en ce que, d'une part, celui-là exige une préparation du sol moins rustique que pour celui-ci, et en ce que, d'autre part, la dépense pour la graine est plus forte à l'égard du pin sylvestre, qu'elle ne l'est pour le pin maritime.

M. Bosc, à la page 86 du tome X, suppose qu'il en coûte 150 francs pour tous les frais nécessaires au semis d'un arpent en pin commun. Je suppose à mon tour que cet arpent est le métrique équivalant à un hectare, ou à deux arpens forestiers, par conséquent équivalant à trois arpens parisiens.

M. Juge de Saint-Martin ne parle que de 10 à 12 francs par arpent, ou 30 à 36 francs par hectare, si c'est de l'arpent parisien dont il a voulu parler.

A mon égard, je trouve que pour évaluer ou approximer ce qu'il en peut ainsi coûter, il faut entrer dans quelques détails; il faut examiner les élémens de la dépense.

Il y en a de trois sortes : 1°. la préparation du

sol; 2º. le prix de la semence; 3º. et le travail tant de l'ensemencement que du recouvrement des graines (1).

____

(1) Je ne mets pas les clôtures au rang des dépenses à faire pour créer des bois et forêts, parce que, d'une part, cette clôture utile, nécessaire même dans un petit semis, n'est ni l'un ni l'autre dans de grands semis, et parce que, d'autre part, elle entraînerait, dans ce second cas, tout à-la-fois trop de temps et trop de dépense pour ne pas faire obstacle à la création des bois et forêts. Il suffit, pour défendre les semis, de les faire conserver avec un soin tout particulier par ses propres gardes, et, si on n'en a pas, de les faire ainsi garder, moyennant une légère rétribution, par le garde champêtre, pourvu cependant qu'on fût secondé par l'autorité municipale des lieux. Dans la forêt de Fontainebleau, les grands semis qu'on y a faits n'ont point été garantis par des clôtures, parce qu'alors il n'y avait pas de bêtes fauves; et ces semis sont devenus superbes. Il en a été de même en 1812, et depuis sur les friches de Presle ou des Mares-Plates, appartenantes à M. et à madame de Chalandray, quoique ces semis fussent traversés par des chemins où les bestiaux passent journellement. Il en a été aussi de même dans les forêts de Rouvray et de Roumare, excepté à l'endroit bordant l'entrée, l'abreuvoir et la pâture de la ferme de Genneté. A Perrouselle et au Bois David, il n'y a pas eu non plus de clôture. Dans le Maine, il y en a à des pinières modernes; mais les plus anciennes et les plus récentes n'en ont pas, et elles sont singulièrement pros-

Dans un terrain en landes, mais tout-à-la fois plane et sablonneux, ou même graveleux comme dans la forêt de Fontainebleau, comme au pays du Maine, et comme dans les forêts de Rouvray et Roumare, un labourage rustique de l'étendue d'un hectare exigerait moins de deux journées d'une charrue à deux chevaux ; en fixant le prix de la journée à 12 francs , ce serait une dépense de 24 francs.

---

pères. Chez moi, où mes bois autrefois en clairières, et mes landes transformées en bois, sont traversés par de nombreux chemins où passent les bestiaux, et quelquefois bordés par des terrains où ils pâturent, je n'ai fait de clôture que par exception ; je me suis généralement borné à exiger de mes deux gardes une surveillance toute particulière, et je n'ai pas éprouvé de dégâts faute de clôture. C'est la conservation des semis qui est indispensable ; elle n'exige que des soins, et non de la dépense, si on a des gardes, ou elle en exige bien peu lorsqu'on n'en a pas, et alors on peut la confondre dans celle de moitié en sus des frais de création, dont je parlerai tout-à-l'heure. Je ne veux pourtant pas dire qu'il ne soit utile, en définitif, de clore ses bois et forêts si grands qu'ils soient ; mais c'est une amélioration qui peut s'ajourner, et que je projette tout le premier de faire lorsque je serai en jouissance pécuniaire, c'est-à-dire, avec les produits de mes bois ; ce qui est bien différent du cas où il serait nécessaire de clore pour arriver à la création.

Si on emploie de la graine de pin maritime, il en faudra au plus 4o livres pesant, qui, prises au Mans, y coûteront, comme je l'expliquerai au Chapitre XII, environ 15 francs.

Si on emploie de la graine de pin sylvestre d'Écosse, il en faudra 6 à 8 livres, qui coûteront 3o à 4o francs.

Dans l'un et l'autre cas il sera inutile, désavantageux, et peut-être même dangereux de dresser le terrain avant le semis, et de le herser après l'avoir ensemencé : ainsi il n'y aurait que le salaire du semeur, c'est-à-dire une demi-journée d'homme, par conséquent, moins de vingt sous.

La réunion de ces trois objets de dépense donne un total de 4o francs ou d'environ 6o francs par hectare, selon qu'on emploie du pin maritime, ou que c'est du pin sylvestre.

Et si, comme l'observe si judicieusement entre autres agricoles, M. l'abbé Rozier, page 486 du tome IV, en parlant des entreprises, on ajoute moitié (il dit un grand tiers) à cette dépense pour les variations, les frais de transport de graines, les repassages, repeuplemens, regarnissemens, et restaurations qui peuvent se trouver à faire après les semis, il faudra dire que, pour créer des bois et forêts de pins dans

des sols semblables à ceux du Maine, de la
forêt de Fontainebleau, et aux forêts de Rouvray
et de Roumare, il en peut coûter au maximum
60 ou 90 francs par hectare, c'est-à-dire, 30
ou 45 francs par arpent forestier, ou 20 à 30 fr
par arpent parisien.

Mais dans un sol comme celui de Perrouselle,
du Bois David, de chez moi, et de tous ceux en
landes des environs de Brionne, lorsqu'il se
trouvera suffisamment plane, et que la charrue
pourra l'entamer, il en pourra coûter jusqu'à
80 francs par hectare, pour le seul labourage
préparatoire au semis, par la raison que cette
charrue, qui d'ailleurs devrait être d'une forte
dimension, et destinée à défricher des terrains
difficiles, ne pourrait opérer qu'avec un attelage
de quatre chevaux, et avec le concours de deux,
même de trois hommes ; par la raison aussi
qu'elle ne labourerait que 50 à 60 perches par
jour, et que cette charrue, notamment son soc,
aurait besoin de fréquentes réparations d'entretien. Quant aux frais de semences, d'ensemencement et de regarnissement, ils ne seraient
pas plus élevés que dans le cas dont j'ai parlé.

Si, au lieu d'un labourage à la charrue, c'était
par défrichement à bras d'homme qu'on pré-
parât le terrain, soit par rayons continus, soit

par simples emplacemens, à cause de l'escarpe-
ment du sol, ou par d'autres motifs, mais dans
un terrain sablonneux ou graveleux, comme à
Fontainebleau, au pays du Maine, en Rouvray
et en Roumare ; en ce cas, il n'y aurait qu'environ le tiers de la superficie du sol à défricher ;
le prix de ce travail pourrait valoir depuis
20 sous jusqu'à 3 francs, de la perche défrichée, selon la profondeur qu'on voudrait donner au défrichement. Un hectare offrant, dans
ce cas, 66 à 67 perches à défricher, ce serait,
au terme moyen de 40 sous (1), la somme de
134 fr. par hectare pour la préparation du sol. La
dépense de la graine serait de moitié moindre
que dans le semis en plein ; les frais d'ensemencement pourraient être de quatre journées
d'homme, parce qu'il faudrait deux hommes et

---

(1) J'ai toujours été frappé de la différence énorme que
j'ai remarquée, en toute occasion, entre le bas prix auquel
les entrepreneurs de ces sortes de travaux parviennent à
les faire exécuter, et le prix élevé auquel les particuliers
se trouvent les payer, différence qui souvent est comme
de 1 à 5. Je ne m'en suis expliqué la cause que par le
principe de l'aptitude à telle science, le principe de la
division du travail, et par l'excellente raison qu'en donne.
Arthur Young, à la page 303 du tome Ier., à l'occasion de
sa visite à Turbilly.

deux jours pour semer et râteler un hectare défriché sur un tiers de toute sa superficie. Enfin les frais de regarnissement ne seraient pas plus considérables que dans le premier cas.

Et si c'était un terrain comme à Perrouselle, au Bois David, et les autres environs de Brionne, où il faudrait défricher à bras d'homme et opérer sur un sol excessivement difficile, j'estime qu'il faudrait ajouter moitié en sus au prix de 20 sous à 3 francs, dont je viens de parler. Les frais de semences, d'ensemencement et de regarnissement, resteraient toujours les mêmes.

Au pays du Maine, il en coûte beaucoup moins que le prix de 60 ou 90 francs par hectare, dont j'ai parlé. La raison en est que les propriétaires, qui, dans cette contrée de la France, créent des bois et forêts de pins, en font préparer le terrain à titre de corvées ou de faisances par leurs fermiers et métayers, en sorte qu'ils n'ont rien ou qu'ils n'ont que bien peu de chose à débourser pour la préparation du sol. Il en est de même pour semer et pour herser. Ils n'ont guère à débourser que le prix de la graine, et pour eux elle est moins chère que pour un étranger au pays.

En Rouvray et Roumare, il en a coûté beaucoup plus et beaucoup moins que le prix de 40 à 60 francs, dont j'ai parlé, outre la moitié en sus que j'ai proposé d'ajouter. Dans les grands semis de ces deux forêts, on a payé 70 francs par hectare pour préparer le terrain, pour l'ensemencer et pour le herser. L'administration a fourni la graine qui, quant à celle maritime, est revenue au prix élevé de 12, 15, et quelquefois 18 sous la livre, et on n'a fait aucun regarnissement, quoiqu'il y eût sujet d'en faire; mais, d'un autre côté, dans les semis faits par les soins de M. Ricard, inspecteur de la 3me. Conservation des forêts, à Rouen : 1º. sur les 160 arpens d'ordonnance, où, en 1756, 57 et 59, M. Rondeau, suivant le témoignage de M. Duhamel, avait fait semer, pour la première fois, des pins qui furent exploités en 1803, 1804 et 1805, il n'en a coûté que ces soins. Le terrain s'est trouvé préparé par l'effet de l'arrachis des arbres; on s'est procuré la graine sur ces mêmes arbres, et on l'a répandue sans la recouvrir industriellement; 2º. sur 50 arpens d'ordonnance, où, au printemps 1813, M. Ricard fit passer une forte herse à dents de fer à travers la bruyère, la dépense n'a consisté que dans le prix de cette herse, qui a coûté 115 francs, et dans le prix de la graine. Ce semis n'a point été repassé, il n'en a pas besoin ; il est lent dans sa croissance, mais il en est assuré.

Dans mes propres semis, il m'en a coûté infiniment plus, puisqu'à la fin de l'année 1817 (1), mes dépenses de semis de toutes espèces de graines, de plantations de toutes sortes d'essences de bois, et de travaux d'amélioration dans mes bois, s'élevaient au-delà de 46,000 fr., dont plus de 9,000 pour labourages à la charrue; 2,150 fr. pour confection d'une seule charrue et ses nombreuses réparations ; 4,000 fr. de graines de bouleau ; 2,200 fr. de graines de pins; 769 fr. de glands, faînes, châtaignes, et autres graines ; 5,100 francs de plants et d'arbres de hauts jets, etc., etc. ; tandis que je n'ai créé qu'environ 200 hectares, ou 600 arpens parisiens, de bois, dans beaucoup desquels il me reste même plus ou moins de regarnissemens à faire, en sorte que je me trouvais avoir, à cette époque de la fin de 1817, dépensé 230 francs

____

(1) Je n'ai pas encore suffisamment mis en ordre mes dépenses de semis et plantations de bois dans les années 1818 et 1819, pour les déterminer ici ; mais j'ai la satisfaction de savoir, par approximation, qu'elles ne dépasseront guère les produits que j'ai commencé à retirer de mes avances.

par hectare. Mais il y a plusieurs raisons qui expliquent cette excessive dépense, qui ne peut pas être donnée pour règle, et qui s'opposerait à la création des bois, ainsi qu'à leur restauration, s'il fallait la faire aussi forte.

1º. Je manquais, beaucoup plus qu'aujourd'hui, de connaissances positives sous le double rapport de la théorie et de la pratique. Je manquais de l'expérience qu'on n'acquiert qu'à l'exécution. Celle-ci est une science, et j'avais alors, bien plus qu'aujourd'hui, besoin de l'exercer pour m'y instruire.

2º. Je voulais faire toutes sortes d'essais, m'instruire à l'aide des divers procédés que je trouvais indiqués, notamment par M. De Perthuis père, M. Fanon et M. Hartig. Je m'étais persuadé qu'on pouvait restreindre les frais de création et de restauration des bois à assez peu de chose, pour, avec des connaissances en cette partie, avec ce qu'on appelle le savoir, le vouloir et l'aptitude, augmenter, pour ainsi dire à volonté, la quantité de bois qui existe en France, et y créer en ce genre autant de richesses que les besoins en réclament. J'étais pénétré de ce qu'avait fait et écrit sur cela M. de Buffon, articles 3, 4 et 5 de son douzième mémoire d'expériences. Pour atteindre ce but, pour arriver à savoir qu'on pouvait peu dépenser, il était nécessaire de dépenser davantage. J'ai donc employé toutes sortes de méthodes, et il en est résulté beaucoup plus de dépenses que si je me fusse fixé à une seule.

3°. Je ne me suis pas d'ailleurs livré exclusivement; je ne me suis même pas d'abord livré à la culture des pins. J'ai beaucoup plus dépensé à planter et à semer des glands et chênes, des faînes, du charme, des châtaignes, du frêne, de l'orme, du Sainte-Lucie, de l'ébénier, de l'acacia et d'autres essences feuillues, ainsi que de la graine et du plant de bouleau. J'ai bien plus dépensé pour cela que pour semer et transplanter des pins maritimes et sylvestres, outre les essais que j'ai faits en mélèse, sapin, épicéa, pin Weymouth, pin Laricio, cèdre du Liban, et autres essences résineuses. Si je n'avais cultivé que les pins sylvestres et maritimes, non-seulement j'aurais beaucoup moins dépensé; mais, comme j'aurai occasion de l'expliquer au Chapitre XIV, en comparant les produits des bois résineux aux produits des bois feuillus, j'aurais créé bien davantage que je n'ai fait; j'aurais produit une plus grande quantité de richesses sous le double rapport du brut et du net; au lieu d'un million de richesses que les habitans

du pays, qui, selon l'expression de M. de Malesherbes, ne sont pas admirateurs, commencent
à m'attribuer d'avoir créé, j'en aurais probablement créé cinq, six et davantage ; mais je n'aurais
pas acquis les connaissances pratiques et expé-
rimentales que j'ai pu obtenir, même en ne
réussissant pas. J'étais pénétré de cette remarque
de M. Yvart, page 111 du tome XII : « Qu'on
» n'est jamais mieux instruit que par les acci-
» dens et les non-succès. »

4°. J'avais à lutter contre la prévention du
pays, contre le découragement que mes propres
subordonnés m'inspiraient quelquefois, quoiqu'il ne s'étendît pas au fait éprouvé et rapporté
par Varenne-Fenille, page 32 de la IIIe. partie
de ses Œuvres. J'avais même à lutter contre la
malveillance et la dévastation, au point que, la
nuit du 17 au 18 mai 1804, on me coupa et laissa
sur place jusqu'à cent trente-quatre jeunes baliveaux ; que, la nuit du 29 au 30 août 1807,
on m'arracha, et laissa aussi sur place, environ
la moitié du plant de bouleau que j'avais fait
planter l'hiver de 1805 à 1806, sur quelques
arpens d'une lande de 150 arpens parisiens,
que je me trouve avoir transformé en bois. Si je
n'avais pas été protégé par l'autorité judiciaire,
et notamment par M. Lizot, exerçant alors les

fonctions de procureur du Roi au tribunal de Bernay, protection dont je me plais à lui té- moigner ma gratitude, j'aurais été forcé d'aban- donner mes projets d'être utile aux autres en- core plus qu'à moi. L'administration préfectu- rale m'accorda également son appui, et je ne lui dois pas moins. Sous M. de Chambeau- douin, et au mois de janvier 1809, j'obtins, et il me fallut faire opérer le désarmement d'une commune particulièrement dévastatrice. Il est résulté, de toutes ces circonstances, d'autant plus de dépenses, que j'avais quelquefois peine à trouver des ouvriers qui exécutassent fran- chement et adroitement les travaux que je pres- crivais, de façon à rendre fructueux les déboursés que je faisais.

5°. Je n'avais pas, ou j'avais bien peu de choix pour trouver des cultivateurs qui, avec ma charrue, leurs chevaux et mon argent, voulus- sent labourer mes landes, et sur-tout mes clai- rières de bois, qui effectivement sont bien au- trement difficiles à labourer que les landes et friches proprement dites. Ce n'est qu'à l'aide du temps, de la persévérance et des sacrifices pé- cuniaires, que j'ai pu parvenir à faire la démons- tration de la possibilité de labourer des clai- rières, où maintenant il y a de beaux semis, no-

tamment en bouleau, qui est l'essence à laquelle
je m'attachai avec succès, après avoir inutile-
ment essayé des glands, des faînes, des châtaignes, et de grand nombre d'autres essences
de bois feuillus; et, auparavant d'avoir su apprécier les avantages de la culture des pins,
avantages qui sont très-considérables sous les
différens rapports de la hâtivité de la jouissance
de leur créateur, et de la quantité des produits
bruts ainsi que de produit net, comme j'ai déjà
annoncé que je l'expliquerai au Chapitre XIV.

6°. Je ne résidais pas sur les lieux ; cela
n'aurait convenu ni à mon goût, ni à mes occupations, qui exigeaient mon séjour habituel à la
ville. Il a dù résulter de cette circonstance plus
de dépenses, ou moins d'économie de temps
et d'argent dans les travaux.

7°. Enfin, j'ai été dans le cas de dépenser
beaucoup plus qu'un autre n'aurait fait à ma
place, en ce que j'ai bien le talent de l'ordre
dans la dépense, tellement que je sais presque
avec une précision minutieuse ce que j'ai dé-
boursé pour chaque objet de mes travaux forestiers; mais je suis totalement dépourvu de la
science et du talent, ou de l'aptitude à l'économie. Je suis convaincu que j'ai payé pour
apprendre moi-même aux ouvriers des bois la

manière de récolter de la graine de bouleau, et pour m'en livrer jusqu'à 3,671 boisseaux parisiens, le double de ce que je leur aurais payé, si je n'étais pas totalement dépourvu du talent de marchander.

Je terminerai cet examen, de ce qu'il en peut coûter par hectare pour créer des bois et forêts de pins, par faire remarquer que, dans une création considérable, on est dans le cas d'épargner en proportion de l'étendue des terrains nus, qu'on transforme en bois; je veux dire qu'il en doit moins coûter proportionnellement pour créer un bois de mille hectares, que pour en créer un de cent arpens.

J'ajouterai que, dans une création considérable, on arriverait à épargner beaucoup sur la dépense de la graine, parce que, dans un tel cas, la création exigerait un nombre d'années plus ou moins considérable. Or, dès après huit ou dix ans des premiers semis de pins de l'espèce maritime, et à environ quinze ans des premiers semis de l'espèce sylvestre d'Ecosse, on aurait de sa propre graine pour faire ses semis ultérieurs; ce qui, à l'avantage d'avoir des travaux à donner à la classe ouvrière de sa contrée, joindrait ceux de rendre la graine à bas prix, de l'avoir plus fraîche, et plus certainement bonne que par la voie du commerce, et par suite d'en exiger une moindre quantité à l'emploi, outre qu'on obtiendrait des semis plus assurés, plus hâtifs, et des sujets plus vigoureux.

Déjà j'obtiens de mon premier semis en grand, du printemps 1811, en pin maritime, assez de graines pour toucher au moment de cesser d'importuner les personnes obligeantes du pays du Maine, qui ont eu la bonté de m'en procurer autant que j'en ai eu besoin. Il est probable qu'à compter de la fin de l'année 1820, j'aurai d'abord de quoi suffire largement aux restaurations que je fais opérer annuellement, restaurations qui bientôt se réduiront à peu de chose, et ensuite de quoi rendre à autrui les services que j'en ai obtenus moi-même.

Examen et discussion de l'opinion de M. le baron de Perthuis, sur la création des bois et forêts de Pins, par la voie des semis à demeure (1).

M. Duhamel, aux pages 273 et 274, a observé que la voie des semis était la seule prati-

______

(1) M. Noirot, aux pages 32 et 33 de ses Considérations sur les Forêts, trouve aussi la création des bois et forêts d'arbres résineux difficile, dispendieuse, et exi-

cable pour la plus grande partie des propriétaires, lorsqu'il était question de grands objets.

M. de Perthuis père a également observé,
page 3o1, qu'en général il vaut mieux semer
que planter les mauvais terrains.

M. le baron de Perthuis, son fils, a répété
la même maxime à l'article où il traite de la culture des bois et forêts, page 46 du tome VI du
Nouveau Cours complet d'Agriculture;

Mais en parlant plus loin, pages 57 et 58 du
même volume VI, spécialement des bois résineux, il dit : « Il est très-difficile, il serait même
» trop dispendieux de faire de grands semis
» d'arbres résineux : 1º. Il ne serait pas tou-
» jours possible de se procurer assez de bonnes
» graines pour en semer une grande superficie;
» 2º. toutes les parties du sol à planter n'au-
» raient pas généralement la qualité requise
» pour le succès du semis; 3º. les soins qu'il
» faut prendre des jeunes plants, jusqu'à ce
» qu'ils aient acquis une certaine force, pour
» les garantir de la gelée, de la trop grande ar-

---

geant en outre, dans l'exécution, une intelligence toute
particulière. Ce que je vais dire sur l'opinion émise par
M. de Perthuis, pourra s'appliquer également à celle de
M. Noirot.

» deur du soleil, du gaspillage des oiseaux, et
» de la fréquentation des bestiaux, exigeraient
» nécessairement beaucoup de dépenses; 4°. lors
» même qu'on consentirait à faire ces dépenses,
» il ne serait pas possible de trouver assez de
» bras pour faire ces différens travaux en temps
» opportun; 5°. toutes les précautions qu'il fau-
» drait négliger à raison de ces différentes cir-
» constances nuiraient évidemment au succès
» du semis, ou du moins en retarderaient beau-
» coup la végétation. »

Je vais examiner successivement chacune de
ces cinq objections :

1°. Les grands semis exécutés dans la forêt
de Fontainebleau, où en trois massifs il y en a
500 arpens d'ordonnance, ceux également exécutés dans les forêts de Rouvray et de Roumare,
où j'en ai visité, comme à Fontainebleau, 555
arpens, même mesure, ceux encore du pays du
Maine, où depuis vingt à trente ans on en a
semé quelques milliers d'arpens, prouvent
expérimentalement qu'on peut s'adonner à la
création de quelques centaines d'arpens de pins
par la voie du semis et par chaque année.

Il y a même à considérer sur cela qu'à dix et
quinze ans des premiers semis, on aura chez

8

soi assez de graines pour les continuer. Quant aux premiers semis, je sais par moi-même qu'il est facile de se procurer au Mans assez de bonnes graines des deux espèces de pins pour semer chaque année une grande étendue de terrain, fût-elle de 100 arpens et davantage.

2°. Les semis de pins sont de tous les semis, et j'en ai fait beaucoup d'un grand nombre d'essences, ceux qui sont les moins rebelles, et ceux qui sont les moins sujets à fondre. On peut bien rencontrer, dans une grande étendue de terrain, des endroits rebelles au semis. J'en ai personnellement trouvé, les uns à cause de l'exposition, les autres à cause de la trop grande vigueur des herbes, et les autres parce qu'ils étaient sujets à la gelée, comme les terrains que M. de Buffon appelle *combes* dans ses terres de Bourgogne; mais ce n'est que par exception qu'on rencontre de ces places rebelles. Là il faut bien recourir, comme on le fait dans le sol crayeux de la Champagne, à la voie lente et peu expéditive de la plantation ; mais il n'en est pas moins vrai que, dans la généralité des mauvais terrains, c'est-à-dire ceux destinés par la nature des choses et par l'état actuel des sociétés humaines à être couverts de bois, la voie du semis à demeure des pins est la plus praticable, la plus expéditive et la moins dispendieuse de toutes les voies.

3º. On peut se convaincre aussi par l'exemple de ce qui se pratique dans le Maine, par l'exemple de ce qui s'est pratiqué dans la forêt de Fontainebleau, dans celle de Rouvray, celle de Roumare, sur les friches de Presle et ailleurs, qu'il n'y a aucun autre soin à prendre des semis que celui d'une bonne conservation, ni aucune dépense à faire pour les garantir de la gelée, des ardeurs du soleil, ainsi que des oiseaux; et qu'à l'égard des bestiaux il suffit du seul soin résultant de la bonne conservation qu'exigeraient également des semis de glands, de faînes, et d'autres bois feuillus; du soin enfin qu'exigent plus particulièrement tous les bois à la suite immédiate de leur exploitation, c'est-à-dire lorsqu'ils sont dans l'état de jeune recrue;

4º. Comme il n'y a aucuns travaux à faire après les semis pour obtenir qu'ils prospèrent, il n'y a pas à s'occuper de la difficulté de trouver assez de bras pour les exécuter.

5º. Et au moyen de ce qu'il n'y a aucune autre précaution à prendre après les semis que de les faire bien conserver, chose qui leur est

commune, non-seulement avec les semis des essences dites feuillues, mais encore avec la recrue
des bois exploités, et même quoiqu'à un moindre
degré avec les bois réputés à tort ou à raison
défensables, il n'y a pas non plus à s'embar-
rasser du défaut de temps suffisant pour se
livrer à ces travaux précautionnels.

C'est après avoir ainsi passé en revue chacune
des objections de M. de Perthuis, que je crois
pouvoir persister à dire, comme je l'ai annoncé
au commencement de ce long chapitre, que
ce n'est que par la voie du semis à demeure
qu'on peut et qu'on doit créer des bois et forêts
de pins, c'est-à-dire lorsqu'on veut opérer en
grand.

J'observerai à ce sujet que je suis autant que
personne pénétré de la vérité de cette remarque
faite par M. de Buffon, page 251 : «Qu'il en est
» en agriculture comme dans tous les autres arts :
» le modèle qui réussit le mieux en petit, souvent
» ne peut s'exécuter en grand;» c'est donc en
toute connaissance de cette vérité élémentaire,
que j'émets mon opinion, parce que les grands
semis, exécutés avec un succès si constant dans
le Maine, dans la forêt de Fontainebleau, en
Rouvray, en Roumare, et j'oserai dire ce que

j'ai personnellement exécuté , m'autorisent à
n'avoir aucun doute sur ce point important de
culture.

Il est bien vrai que, dans la Champagne, c'est
par la voie de la plantation des porte-graines,
et non par la voie des semis à demeure, qu'on
est parvenu à y former des bois de pins ; mais,
1°. la nécessité de procéder de cette façon ne
résultait pas de la nature des choses, elle résultait uniquement de l'espèce ou de la qualité du
sol, c'est-à-dire d'une circonstance locale, d'une
circonstance particulière, ou d'un cas qui fait
exception ; 2°. il en est résulté une grande lenteur dans la création des bois de pins de cette
contrée, et sur-tout il en est résulté qu'on n'y en
trouve pas encore de grandes masses, comme
dans le Maine, où on a pu en créer et en mul-
tiplier par la voie économique et expéditive du
semis à demeure. Aussi, feu M. l'administrateur
Allaire, un des propriétaires en même temps
qu'un des créateurs de bois de pins dans ce pays
de Champagne, me marquait-il dans l'instruction développée, qu'il a eu l'extrême bonté de
me donner au mois de février 1815, sur les pinières de cette province, instruction qui m'a
dispensé d'aller les visiter, comme je le projetais

alors, et comme je l'ai fait en 1818 pour celles du Maine ; aussi, dis–je , M. Allaire m'a-t-il fait l'honneur de me dire, en réponse à ma douzième question, qu'il n'y a point encore de grandes masses de pins en Champagne, mais seulement un grand nombre de pièces isolées , plantées, pour la plupart, depuis vingt ans que les an–ciennes plantations ont pu fournir du plant.

————

CHAPITRE VI,

Où je traite de ce qui concerne la transplantation des Pins.

Je le répète, la voie de la transplantation ne doit être qu'une voie d'exception applicable aux petits objets, ainsi qu'aux endroits rebelles aux semis, soit à cause de l'exposition du terrain, soit à raison de sa situation topographique, ou pour d'autres causes; mais, lorsqu'on n'est pas gêné par les obstacles particuliers, et qu'on veut opérer en grand, il faut employer le moyen tout-à-la-fois expéditif et économique du semis à demeure.

Lorsqu'on veut ou lorsqu'on est contraint de recourir à la voie de la transplantation, il y a à prendre en considération l'espèce sur laquelle on opère; car celle maritime est beaucoup plus chanceuse, plus difficile à transplanter avec succès, que ne l'est l'espèce sylvestre.

L'époque de la transplantation est bien la même pour l'une et l'autre espèces; mais elle est bien différente de l'époque où on transplante les bois feuillus, en ce que, pour ceux-ci, c'est durant toute la morte-séve, c'est-à-dire, du courant de l'automne aux premiers jours du printemps, par conséquent, durant plus ou moins de mois, selon les espèces, selon les terrains où on opère, et selon les circonstances atmosphériques. Mais, pour les espèces résineuses, c'est au printemps; c'est aussi entre les deux séves, et c'est encore à l'automne, avec cette observation importante, que la durée du temps propice à leur transplantation n'est souvent que de quelques jours à chacune de ces trois époques.

M. Juge de Saint-Martin, page 91, indique bien exclusivement la saison d'automne; mais M. Duhamel, page 173, préfère la saison du printemps. M. Hartig professe la même opinion, page 122 de son Instruction sur la culture du bois. M. de Tschudy, qui opérait en Lorraine, dans un climat plus froid et plus tardif que celui de Paris, cite, pages 138 et 139, la fin de mars. M. Allaire, qui opérait en Champagne, m'a cité le long espace du 15 mars à la fin d'avril, lorsque, disait-il, la séve est en plein mouvement. M. Vandenbogaerde, qui a créé la forêt de Beernem, près de Bruges, transplantait, lorsque cela lui arrivait, pour regarnir les vides de ses semis, au printemps. Mais M. Poussou d'Hollande, qui opérait en Périgord sur le pin sylvestre de Riga, transplantait depuis la fin d'octobre jusqu'au 1er. avril. M. de Musset de Cogners, qui habite et cultive dans le Maine, où il lui arrive par exception de faire transplanter, m'a indiqué le mois de février, en m'observant qu'on pouvait encore transplanter du 15 août au 15 septembre, par un temps pluvieux. M. Thouin, à l'article *Arbres verts*, page 404 du tome Ier., dit que leur transplantation doit se faire au moment où ils entrent en séve, c'est-à-dire, ajoute-t-il, soit au printemps, soit au milieu de l'été, mais par un temps humide. Enfin, M. Bosc, aux articles *Août, Chéne, Chevelu, Déplanter, Pépinière, Plantations, Pins, Pivot, Racines* et *Sapins*, a envisagé les choses relatives à la transplantation des pins sous toutes les faces, et, en ce qui concerne l'époque, il en enseigne trois, qui sont le printemps, le milieu des deux séves et l'automne, en observant que la durée de chaque époque n'est que de quelques jours.

J'ai transplanté en grand aux deux époques du printemps et de l'automne. J'ai en outre transplanté en petit entre les deux séves; je n'ai obtenu aucun succès. Je veux dire que j'ai perdu la plus grande partie de mes sujets transplantés

à l'automne. Ceux transplantés entre les deux
séves restent boudeurs, mais la transplantation
du printemps m'a réussi assez bien pour que je
m'en applaudisse, pour que j'aie sujet de la
croire plus avantageuse, et pour m'avoir déterminé à choisir cette époque pour les transplantations qu'il m'arrive de faire exécuter là où je
ne puis faire des semis avec espérance de succès.

J'opérais au surplus avec beaucoup de désavantages : 1°. en ce que ç'a été sur l'espèce maritime que j'ai transplanté entre les deux séves
et à l'automne ; car, pour l'espèce sylvestre, je
n'ai transplanté qu'au printemps ; 2°. en ce que
la qualité de mon sol, excessivement caillouteux et siliceux, ne me permettait pas de lever
les sujets en mottes, d'autant plus que le pin
maritime y pivotant beaucoup, cette circonstance fait obstacle à une déplantation avantageuse, en sorte que les racines des sujets dé-
plantés étaient plus ou moins mutilées, qu'il fallait les parer, ou autrement dit les habiller, et
qu'opérant en grand je ne pouvais qu'imparfaitement les garantir des mauvais effets du hâle,
quoique faisant déplanter dans mes semis les
plus voisins et à mesure de la transplantation ;
3°. la circonstance des cailloux, dont mon ter-

rain siliceux abonde, comme à Perrouselle et au Bois David, rendait l'assiette des plants beaucoup plus difficile dans les emplacemens qui leur étaient destinés, et leur reprise beaucoup plus aventurée. C'est dans l'espèce maritime que j'ai eu plus particulièrement ces désavantages, car dans les bas-fonds accessibles à la gelée, ce sont des pins sylvestres que j'y ai fait transplanter, lorsque je me suis trouvé forcé de renoncer au moyen du semis; et là j'ai eu beaucoup moins à lutter contre les cailloux, en même temps que, dans cette espèce, les racines étant quasi traçantes, se prêtent par conséquent mieux que les racines pivotantes du maritime, tout-à-la-fois à la déplantation et à la transplantation.

La transplantation des pins a un désavantage qui lui est particulier, en ce qu'on ne peut pas les ébouter ; il faut les transplanter avec leurs tiges, et celles-ci, qui sont chargées de branches latérales qui font poids, donnent beaucoup de prise au vent, qui les ébranle, et qui, par conséquent, nuit à leur reprise. On a imaginé, chez M. Allaire, où on ne transplantait que des pins sylvestres, qui à leur base sont bien plus garnis de branches latérales que l'espèce maritime, un moyen dont on a été satisfait : ç'a été d'abaisser le premier rang des branches, et de les assujettir contre terre, en les chargeant de gazons; cela, comme on le conçoit, prévenait l'ébranlement que le grand vent pouvait causer.

Je n'ai pas employé ce moyen, qui ne serait guère applicable au pin maritime, dont les branches latérales ne sont pas placées aussi bas que dans l'espèce sylvestre; mais, d'une part, j'ai employé le moyen peu satisfaisant d'entourer le bas des tiges de mes sujets transplantés avec des cailloux silex dont mon terrain abonde, au risque de contusionner ces tiges, et avec l'obligation de faire ôter ces cailloux à quelques années de là, pour ne pas gêner l'accroissement de mes sujets, et leur rendre aux pieds l'air, la chaleur et la lumière dont ils ont besoin. D'autre part, j'ai essayé avec succès, dans mes dernières transplantations de pins sylvestres, d'ébouter leurs plus basses branches latérales. A l'avantage de diminuer la prise du vent, se joignent, ce m'a semblé, les mêmes motifs qui en font agir ainsi pour les bois feuillus; je veux dire que la transplantation étant un moment de crise pour les arbres, et les sujets transplantés ne conservant pas assez de forces pour nourrir toutes les branches dont ils sont pourvus, il doit être avantageux de les en débarrasser. Il est bien vrai que l'élagage des arbres résineux est prohibé par quelques opinions ; mais j'aurai occasion d'expliquer, au Chapitre VIII, que c'est bien certainement une erreur.

Au Bois David, chez M. de Ribard, on se trouve bien d'ébouter l'extrémité des branches latérales des sujets que les grands vents font quelquefois pencher ; il résulte, de cet éboutement fait du côté où le sujet est penché, qu'il se redresse naturellement et de lui-même.

De toutes ces précautions, qui sont d'autant plus difficiles à prendre qu'on opère plus en grand, les unes ne sont point nécessaires, et les autres ne le sont qu'à un moindre degré pour les bois feuillus, qui n'ont pas besoin d'être levés en mottes, qui ne conservent pas, comme les arbres résineux, des feuilles qui leur donnent un poids que les vents rendent si désavantageux pour la reprise, et qui, pour la plupart, peuvent être éboutés de leurs tiges. Il en résulte bien évidemment que la transplantation est beaucoup plus difficile à employer pour les pins, qu'elle ne l'est pour les bois feuillus.

Je ne parlerai de l'âge que doivent avoir les sujets qu'on transplante, que pour observer que cet âge doit varier dans les deux espèces, parce que le maritime croît plus vite que le sylvestre dans les premières années de leur semis. Cet âge ne doit pas être moindre de trois ans dans le maritime, ni de plus de six dans le sylvestre. La force des sujets et leur hauteur doivent guider. M. Allaire, en parlant du pin sylvestre qu'on transplante dans la Champagne, m'a cité 2 à 3 pieds comme la taille reconnue la plus avantageuse, et il m'a fait remarquer une chose dont j'ai senti souvent la justesse dans les jeunes pinières du Maine et ailleurs : c'est que plus la tige est basse, plus elle est nourrie, plus elle forme le clocher ou le pain de sucre, en un mot, plus la forme conique est prononcée, plus les jeunes sujets sont vigoureux, et plus ils sont avantageux à la transplantation.

CHAPITRE VII,

Qui a pour objet ce qui concerne les éclaircisse-
mens graduels et successifs à faire dans les
bois et forêts de pins, et où j'examine l'espa-
cement définitif des arbres entre eux.

Parmi le grand nombre d'auteurs qui ont traité
cette partie de la science forestière, je ne connais
que M. Fanon qui, aux pages 80 à 84 du Supplément à ses Observations sur les Forêts, blâme
l'éclaircissement des bois *feuillus;* et encore ne
le blâme-t-il qu'en ce qui a rapport au nettoyage
ou à l'élagage des cépées, sans en parler sous le
rapport de l'extraction des sujets qui dans les
semis sont en excès, et qui doivent nuire à l'accroissement des mieux venans ; mais M. de
Buffon, pages 294 et 295 ; M. Duhamel, aux
pages 401 et 402 ; M. Varenne de Fenille, aux
pages 9 à 16 et 72 de la première partie ; M. Noirot,
pages 14, 15, 16, 49 et 50 de son ouvrage sur
l'aménagement et l'exploitation des bois privés ;
M. de Perthuis père, pages 187 à 191 ; M. Lintz,
pages 59 et 60 ; M. de Perthuis fils, aux articles

bois (administration des) et *éclaircissemens*, et enfin, M. Bosc, aux articles *cépées, éclaircir, étouffer* et *fourches*, sont fortement et unanimement d'avis des bons effets de l'éclaircissement dans les bois feuillus.

Dans le Nivernais, pour tirer parti des bois en les rendant propres à l'approvisionnement de Paris, on y pratique, avec beaucoup d'avantage, l'éclaircissement, qui a le bon effet d'aérer les bois, de leur procurer de la lumière, et de leur faire acquérir plus de force, plus de grosseur, et même définitivement plus de hauteur.

Pour les bois de pins et des autres espèces résineuses, je trouve le procédé de leur éclaircissement universellement et positivement recommandé. M. Bosc, pages 548 du tome II, 86 et 87 du tome X., parle de l'éclaircissement des jeunes pinières comme d'une chose tout-à-la-fois utile et nécessaire.

M. Hartig, en son Instruction sur la culture du bois, recommande, pages 36 et 37, l'éclaircissement des bois résineux, en observant toutefois de ne le faire porter que sur les sujets morts et étouffés, parce qu'il veut qu'ils soient dans un état serré, comme je le remarquerai en parlant bientôt de l'espacement que doivent avoir les pins.

M. de Tschudy, aux pages 126 et 127, exprime également l'opinion de l'utilité de l'éclaircissement des semis résineux.

Miller, au rapport de M. de Malesherbes, page 167, témoigne l'opinion de l'utilité d'éclaircir les pins.

Dans la Campine, en Brabant, on est dans l'usage d'éclaircir les semis de pins, au rapport de MM. Peuchet et Chanlaire, dans leur Statistique des Deux-Nèthes, page 13.

Dans la forêt de Beernem, créée par M. Vandenbogaerde, il a fait pratiquer le procédé de l'éclaircissement des pins.

Au pays du Maine où la culture des pins est si répandue et si ancienne, on est dans l'usage universel d'éclaircir leurs jeunes semis.

Dans la forêt de Fontainebleau, le massif longeant le chemin d'Achère n'avait encore, en 1813, été soumis à aucun éclaircissement, et il en réclamait impérieusement. Le massif du rocher Davon avait été éclairci, mais ce procédé n'avait certainement pas été assez répété. Enfin, le massif de pins sylvestres étant au-delà de ce rocher n'avait été éclairci qu'une fois, et, en le voyant, il était évident que ce défaut d'éclaircissement avait nui au grossissement du trop grand nombre de sujets qui le garnissent.

Dans les forêts de Rouvray et de Roumare, on n'a point éclairci. M. l'inspecteur Ricard se pro posait, en juin 1818, d'en solliciter la permis sion, notamment pour son semis rustique de 50 arpens d'ordonnance fait à l'aide d'une herse à dents de fer passée à travers la bruyère ; mais ce défaut d'éclaircissement est là, comme par tout ailleurs où on laisse perdre des produits, attristant pour celui qui considère tout-à-la-fois cette perte de produit, celle de la valeur du travail qui en serait résulté, et la privation qu'on se fait, par cette inertie, des moyens d'occuper des bras qui restent oisifs au détriment de la société et de la morale, si, comme je le pense, les moyens d'occupation sont aussi des moyens de production, des moyens de consommation, des moyens de richesses et des moyens de bonne conduite.

Il est bien vrai que M. le baron de Perthuis, qui, à l'article *Bois* (administration des), comme à l'article *Aménagement,* a si savamment traité la matière de l'aménagement, de l'exploitation et de l'administration des bois, observe qu'il faut bien faire attention, et distinguer entre le meilleur aménagement théorique et le meilleur aménagement pratique; que, suivant cette dis tinction, on ne peut pas, dans la pratique, admettre le procédé des éclaircissemens dans les bois du Gouvernement, et dans ceux des grands propriétaires, si utiles et si nécessaires qu'ils soient, sans, selon M. de Perthuis, s'exposer à la ruine de ces bois, à cause du discernement, des soins et de la surveillance qu'exigent ces éclaircis.

Mais j'ose révoquer en doute cette conclusion; j'ose moins craindre que M. de Perthuis les abus des travaux laissés aux soins des administrateurs. J'ose donner plus d'essor à cet axiome : que tant vaut l'homme, tant vaut la terre; je m'autorise pour cela de ce qu'il rapporte lui-même, en l'ouvrage de monsieur son père, page 106, en parlant des chablis et en citant un exemple frappant des avantages qu'on retire à employer des hommes qui joignent la probité aux connaissances, au goût, à l'instruction et à l'aptitude pour leurs occupations.

Et, au surplus, tout en reconnaissant qu'on ne doit mettre en pratique le procédé de l'éclaircissement des bois de pins, qu'autant qu'on y apporte du discernement, des soins et de la surveillance, il n'en doit pas être moins utile pour les propriétaires qui voudraient les donner ou les faire donner, d'avoir des renseignemens tirés de ce qui se pratique à cet égard. La nécessité de ces soins, de ce discernement et de cette surveillance prouverait au besoin que, dans cette matière comme dans tant d'autres, l'application du principe de la division du travail serait une source d'avantages.

Dans mon semis de pins maritimes du printemps de 1811, que je destine plus particulièrement à être le pivot de mes remarques et des expériences auxquelles je projette de me livrer pour m'instruire par la pratique, j'ai déjà fait faire deux éclaircissemens pour arriver à espacer les sujets restans à 2 ou 3 pieds les uns des autres, et il est évident, pour tous ceux qui ont vu et remarqué ce semis, tant avant que depuis ces éclaircissemens, que ces travaux ont été avantageux à l'accroissement de ces sujets, par conséquent à l'augmentation de la quantité de matière en bois, outre qu'il en est résulté des produits pour la consommation ; qu'il en est résulté des moyens d'occupation, et résulté enfin un produit pécuniaire et net pour moi.

Maintenant je vais examiner successivement,

1°. *A quel âge convient-il de commencer à élaircir les semis de Pins?*

Cette époque est différente dans les deux espèces maritime et sylvestre : le premier croissant plus vite dans les premières années, et ayant une durée de vie végétative moins longue que le second, il doit être, plus tôt que celui-ci, susceptible du procédé de l'éclaircissement.

On sent bien que, pour l'une ni pour l'autre espèce, il n'y a pas d'âge absolu, parce que la force de la végétation, ou au contraire sa faiblesse, l'état serré du semis, ou au contraire son état écarté, influent nécessairement sur l'époque où il convient d'éclaircir pour la première fois, de manière qu'il doit y avoir sur cela une variation de quelques années.

Mais pour donner une idée de ce qu'on peut faire à cet égard, j'observerai que dans le Maine et quant à l'espèce maritime, on fait le premier éclaircissement au plus tôt à cinq ans, et le plus souvent à six, sept ou huit ans du semis.

Dans les landes de Bordeaux, on commence à éclaircir les semis de pins à cinq, six, ou huit ans, au rapport de M. Bosc, articles *Bruyère* et *Pin*.

A mon égard, c'est dans sa septième année que j'ai fait faire le premier éclaircissement de mon semis du printemps de 1811, pour espacer les sujets à environ 1 pied les uns des autres.

Pour les pins sylvestres, ce doit être quelques années plus tard. D'après MM. Peuchet et Chanlaire, dans leur Statistique des Deux-Nèthes, page 13, c'est à dix ou douze ans qu'on procède, dans la Campine du Brabant, au premier éclaircissement des semis de pins sylvestres. Effectivement, feu M. Vandenbogaerde, qui a créé la forèt de Beernem dans cette contrée, principalement en pins sylvestres, a commencé à les faire éclaircir à douze ans de semis.

2°. *A quelle époque de l'année doit-on faire le travail de l'éclaircissement?*

Ainsi que j'aurai occasion de le remarquer et de le dire au Chapitre XI, d'une manière circonstanciée, en parlant de l'époque de l'exploitation des bois de pins, on pense bien que c'est dans la saison de la morte-séve que doit se faire le travail de l'éclaircissement des semis.

Mais, pour les pins, la durée de la morte-séve est bien moindre que pour les espèces feuillues. Pour celles-ci, cette durée est de plusieurs mois ; mais pour les pins qui végètent presque toute l'année, comme j'aurai occasion de l'expliquer au Chapitre IX, la durée de la morte-séve n'est que des deux à trois mois d'hiver caractérisé ; et, si cette saison n'est pas rigoureuse, il n'y a pour ainsi dire pas de suspension des effets de la séve dans les pins.

Sous les autres rapports, le travail de l'éclaircissement peut se faire toute l'année, sauf cependant que, dans les fortes gelées, on ne pourrait pas le faire par le moyen de l'arrachis des sujets à supprimer, et qu'on s'exposerait à endommager ceux à conserver, sur-tout lors du premier et du second éclaircissement qu'on ne peut faire sans heurter tous les sujets qui sont sur pied. Par la même raison, on doit s'abstenir de travailler dans les pinières lorsque les arbres sont couverts de neige, de givre ou de frimas.

J'ai bien fait, dans mon semis du printemps de 1811, mon premier éclaircissement au printemps, et même durant l'été de 1817, et j'ai bien fait exécuter le second éclaircissement dans le courant de l'été de 1818 ; mais ces époques n'étaient pas de mon choix, c'était le résultat de la difficulté où je me suis trouvé d'y employer plus tôt mes ouvriers, à cause des travaux plus pressans que j'avais à leur faire faire pour défrichemens de terrains et pour semis. L'inconvénient de ces époques n'avait lieu que sous l'unique rapport de la qualité du bois provenant de l'éclaircissement, mais c'était à un faible degré, par la raison que les bourrées provenant de mon premier éclaircissement, et les fagots provenus du second, étaient destinés à une prompte consommation pour le chauffage des fours; par conséquent, il n'y avait pas à craindre la décomposition du bois par l'effet de sa coupe en séve, comme dans le cas d'une consommation ajournée à une ou à plusieurs années.

Je ne parle pas ici d'observer les phases de la lune, cela doit être sans importance pour le menu bois destiné à une consommation très-rapprochée du moment de sa coupe; mais pour le gros bois, il paraît, d'après ce que j'ai appris au pays du Maine, que cette observation des phases de la lune est d'une grande importance. J'en parlerai d'une manière circonstanciée au Chapitre XI, en traitant de ce qui a rapport à l'exploitation des pinières.

3°. *Comment procède-t-on à l'éclaircissement ? je veux dire : arrache-t-on, ou bien coupe-t-on les sujets qu'on supprime ?*

Il faut distinguer le premier éclaircissement d'avec les subséquens. Dans le premier, les sujets n'ayant que cinq, six, sept ou huit ans, s'il s'agit de l'espèce maritime, et seulement la grosseur du doigt, il peut être aussi, il peut même être plus expéditif de les arracher à bras d'hommes, plutôt que de les couper au pied avec un instrument tranchant; et, en les arra-

chant, on obtient deux avantages : 1°. celui
d'une plus grande et d'une meilleure qualité de
matières résultantes des racines ; 2°. l'avantage
d'opérer un remuage de terre très-favorable à
l'accroissement des sujets restans. Peut-être en
résulte-t-il un troisième avantage, en ce que,
suivant, entre autres auteurs sur la science agricole, M. Yvart, pages 31 et 32 du tome II, et
M. Féburier, page 22 de son Essai sur les phénomènes de la végétation, les racines d'arbres
de même espèce qui meurent en terre sont nui-
sibles aux arbres conservés. Aussi M. Bosc,
page 548 de ce tome II, se montre-t-il partisan
de l'éclaircissement par le moyen de l'arrachis.

Mais dans le second et autres subséquens éclaircissemens, les sujets qu'on supprime sont trop
forts pour être arrachés à bras d'hommes, par un,
deux et même trois ouvriers, du moins le travail
serait trop long et trop pénible ; et, d'un autre
côté, les sujets sont encore trop rapprochés les
uns des autres pour qu'on puisse faire l'arrachis
avec la pioche. D'ailleurs, l'exiguité des sujets
qu'on éclaircit rendrait ce travail plus dispendieux que fructueux. Il faut donc alors couper les
sujets au pied avec un instrument tranchant.
Toutefois, j'ai entendu dire à M. Thoré, au Mans,
qu'il s'occupait du moyen d'avoir un instrument

propre à arracher les arbres d'éclaircissement.
De mon côté, je ne suis pas sans espérance
d'obtenir de personnes versées dans les arts
mécaniques un déplantoir ou levier propre à
arracher les pins avec une grande promptitude,
à l'aide de deux ouvriers.

Dans le Maine, le procédé d'éclaircir change
lorsque les semis atteignent douze ou quinze
ans dans l'espèce maritime : alors les sujets
commencent tout-à-la-fois par être assez espacés pour permettre le travail de la pioche,
et ils sont assez forts pour que le travail de leur
extraction soit payé par l'augmentation qu'on
obtient dans la quantité du bois. On n'en agit
cependant ainsi qu'à l'égard des sujets qui ne
sont pas trop voisins de ceux à conserver, et
qu'autant que l'arrachis ne cause pas de dommage aux racines de ceux-ci ; mais on a un second motif d'employer le procédé de l'arrachis,
c'est qu'il en résulte un remuage de terre qu'on
trouve favorable à l'accroissement des sujets
conservés, parce que leurs racines s'étendent
bien vite dans la terre remuée, qui facilite singulièrement la promptitude de leur végétation.

Lors de mon premier éclaircissement de pins,
en 1817, j'y ai fait procéder par la voie de l'arrachis à la main ou à bras d'hommes ; il n'en a

pas pu être de même dès l'année d'après, que
je fis faire mon second éclaircissement ; les sujets
étaient déjà devenus trop forts pour pouvoir
être ainsi arrachés. J'ai donc été dans le cas de
les faire couper au pied par le moyen de la serpette, non pas autant à ras de terre qu'on peut
le faire dans le Maine, où le sol sablonneux ne
gêne pas le travail de cet instrument, mais aussi
près de terre qu'on le pouvait, à cause des cailloux silex qui, chez moi, abondent à la surface
du sol, tant pour éviter la perte de la matière,
que pour ne pas laisser en terre des étocs nui-
sibles et même dangereux pour circuler dans
les pinières.

4°. *A quel intervalle du premier éclaircissement*
le répète-t-on, et combien de fois?

En principes, les éclaircissemens ne doivent
pas être trop subits ; il importe donc de les graduer avec discernement.

D'un autre côté, il y a à considérer que, comme
l'observe M. Bosc, page 548 du tome II, les
semis de pins épais filent droit et vite. Aussi
M. Hartig, page 36 de son Instruction, dit-il qu'il
faut que les jeunes plants de pins soient serrés
pour qu'ils croissent en hauteur ; et M. de Burgsdorf observe-t-il de son côté, page 400 du tome Ier.,

que, si les jeunes pins sont trop espacés, ils ne forment pas une tige droite, ajoutant toutefois que s'ils sont trop serrés ils s'affament ; d'où l'on doit conclure que, dans leur début à la vie, on doit s'attacher à tenir les bois de pins très-rapprochés les uns des autres, sans pourtant donner dans l'excès.

Pour résoudre la double question que je traite ici, j'observerai que M. Bosc, page 87 du tome X, parle de répéter l'éclaircissement tous les huit à dix ans ; qu'au rapport de MM. Peuchet et Chanlaire, dans leur Statistique des Deux-Nèthes, page 13, on répète l'éclaircissement des semis de pins sylvestres dans la Campine du Brabant à huit ou dix ans du premier.

Au pays du Maine, on professe l'opinion à l'égard des semis de pins maritimes, qu'il convient de répéter les éclaircissemens tous les trois à quatre ans. J'ai néanmoins rencontré des personnes qui trouvent mieux de faire ce travail chaque année pour graduer plus avantageusement les bons effets que les éclaircies produisent sur les sujets à conserver définitivement.

Dans mon semis du printemps de 1811, que je destine, comme je l'ai déjà dit, à être le pivot de mes observations et de mes expériences, semis qui est en pins maritimes, je me suis bien trouvé de faire le premier éclaircissement dans la septième année, pour espacer les sujets à 1 pied les uns des autres; et je me suis également bien trouvé de répéter cet éclaircissement, c'est-à-dire, d'en faire faire un second dès l'année suivante, pour porter cet espacement à 2 ou 3 pieds. Sauf l'expérience que j'acquerrai du temps, je crois que je ferai bien de ne procéder au troisième éclaircissement qu'après un intervalle de trois ou quatre ans, mais qu'alors il sera indispensable.

5°. *Quels sont les degrés d'espacement à observer dans les divers éclaircissemens de Pins?*

Ainsi que je l'ai dit au numéro précédent, les éclaircissemens doivent être faits avec discrétion et discernement. Il faut les faire graduellement, les répéter plus souvent, et s'abstenir d'en faire des subits qui feraient passer les pins d'un état serré immédiatement à un état d'isolement les uns des autres.

Mais il ne faut pas, dans les éclaircissemens, s'attacher uniquement et exclusivement à espacer les sujets conservés d'une manière approximativement uniforme de 3, 4, 5 pieds et davantage; il faut aussi et en même temps s'attacher à supprimer les sujets faibles, ceux difformes et défectueux ; s'attacher à conserver ceux qui se montrent vigoureux, et savoir au besoin s'éloigner de la règle de l'écartement de 4 pieds, plus ou moins, que l'on aurait adoptée, pour l'avoir moindre, lorsque les sujets vigoureux bons à conserver exigent un moindre espacement. Enfin, il vaut mieux moins éclaircir que trop éclaircir ; il vaut mieux s'écarter en moins que s'écarter en plus de la règle de l'écartement qu'on doit adopter pour l'éclaircissement auquel on procède.

Je manque de renseignemens précis ainsi que d'expérience personnelle sur les pins de l'espèce sylvestre ; je ne parlerai donc, en ce moment-ci, que des pins de l'espèce maritime. A leur égard, d'après ce que j'ai ouï dire au Maine sur ce qu'on y fait, et plus encore de ce qu'on devrait y faire, ou en d'autres termes, de ce que dans ce pays-là on pense qu'il convient de faire, c'est d'avoir pour objet, lors du premier éclaircissement, d'espacer les sujets à environ 1 pied les uns des autres.

Dans le second éclaircissement, on doit tendre à leur donner un écartement d'environ 2 à 3 pieds les uns des autres.

Le troisième éclaircissement doit porter l'espacement à environ 4 pieds ; le quatrième, à 5 pieds, et ainsi de suite jusqu'à environ 8 pieds, qui paraît être l'espacement définitif à adopter, du moins dans l'espèce maritime, dont la durée végétative est moindre de moitié de l'espèce sylvestre.

A mon égard j'ai, dans mon semis de 1811, fait le premier éclaircissement dans la vue d'espacer les sujets à 1 pied. Je me suis bien trouvé de le répéter dès l'année suivante, c'est-à-dire dès la huitième année du semis, et d'espacer les sujets conservés à environ 2 ou 3 pieds les uns des autres.

Je me propose de faire un troisième éclaircissement à onze ans du semis, pour espacer mes sujets à environ 4 pieds; de faire un quatrième éclaircissement à quatorze ans, pour espacer à 5 pieds; un cinquième éclaircissement à dix-sept ans, pour espacer à environ 6 pieds; et alors, cet éclaircissement pouvant participer de l'exploitation, j'aurai à observer les règles dont je parlerai au chapitre XI, consacré à expliquer les précautions qu'il faut prendre pour la conservation ou la meilleure qualité du bois de pins. A vingt ans je ferai un sixième éclaircissement pour espacer à 7 pieds, et à vingt-quatre ou vingt-cinq ans, je ferai un septième et dernier éclaircissement pour porter l'espacement définitif à 8 pieds. Postérieurement à cette époque de vingt-quatre ou vingt-cinq ans de semis, ce que je ferai ôter dans ma pinière d'expérience n'aura plus pour objet de l'éclaircir des sujets surabondans, mais ce sera pour en ôter les sujets qui seraient encore défectueux et ceux qui arriveraient à maturité; car dans le Maine, c'est vers l'âge de trente ans que, dans les pinières de l'espèce maritime, on commence à trouver des sujets mûrs, des sujets propres au bois d'œuvre.

D'après ces explications, on peut dire que dans les semis de pins maritimes, faits d'une manière épaisse, il convient de faire de six à huit ans deux éclaircissemens pour espacer les sujets successivement à 1 pied, et à 2 ou 3 pieds les uns des autres; qu'ensuite on doit répéter ces éclaircissemens de trois ans en trois ans, pour porter l'espacement par gradation à 4, 5, 6, 7 et 8 pieds, qui est l'écartement auquel on doit s'arrêter.

6°. *De quels emplois le bois des éclaircissemens est-il susceptible?*

Je n'entends parler ici que du menu bois, ou, en d'autres termes, des premiers éclaircissemens; car pour le bois des autres éclaircis-

semens , tels qu'après environ quinze ans d'âge
dans les semis de pins maritimes, ce que j'ai
à en dire appartient à ce qui concerne leur exploitation et les emplois généraux des bois de
pins ; en conséquence, j'ajourne à examiner ce
qui est relatif aux produits des éclaircissemens
ultérieurs, pour ne m'occuper que du bois provenant des premiers éclaircissemens.

Ces produits sont susceptibles de faire de la
bourrée, du fagot, et de ce qu'on appelle de
la hanoche dans le Maine, du viquelin dans les
environs de Rouen, du cotret ou même du
petit rondin à Paris, et aussi des échalas dans
les pays vignobles, comme cela arrive dans le
Bordelais.

Les bourrées (1), les fagots et la hanoche ou
petit rondin, sont très-recherchés dans le Maine
par les particuliers, par les boulangers et par
les chaufourniers, pour le menu chauffage et sur-
tout pour l'usage des fours auxquels le bois de
pin paraît être particulièrement avantageux,
c'est-à-dire pour les feux-clos, pour me servir
de l'expression employée par M. Hartig, pour

____

(1) J'ai appris, dans le Maine, que les bourrées de
pins maritimes sont meilleures que celles composées de
bois de pins sylvestres.

les distinguer du feu-ouvert dont il traite également dans ses expériences sur la combustibilité des bois. Cet avantage est tel, que, selon ce que je tiens de M. de Menjot d'Elbenne, qui, dans la terre de sa création de Couléon, près Connéré, dans le Maine, a plusieurs fours de poterie, de briques et de tuiles, cinq bourrées de bois de pin équivalent, à cet emploi des fours, à huit bourrées de bois de chêne.

Dans le pays du Maine, le prix du cent de bourrées de bois de pin n'est que de 5, 6, 7 et 8 francs. Dans ma localité, près Brionne, le prix est plus élevé ; car j'ai vendu, quoiqu'alors j'eusse besoin, comme cela arrive dans les cas de nouveautés, de faire bon marché de ma chose pour avoir des acheteurs, et que j'eusse à vaincre le préjugé, répandu malicieusement par un boulanger amateur de mes bourrées, que l'emploi du bois de pin communiquait un goût de résine au pain ; j'ai, dis-je, vendu mes bourrées de 1817 au prix de 12 à 14 francs du cent ; et mes fagots de l'année 1818 ont été vendus au prix de 16 à 18 francs toujours du cent.

Maintenant j'ai assez de demandes de la part des chaufourniers et des particuliers pour avoir besoin de me défendre d'anticiper mes éclaircissemens. Ils font beaucoup de cas à présent des bourrées et fagots de pin pour l'usage de leurs cheminées et de leurs fours. Eux et les bou-langers les préfèrent de beaucoup à la bruyère, qui est si abondante dans les environs de Brionne, et qui y est à bien meilleur marché que les bourrées de pin , puisqu'elle ne se vend que de 5 à 8 francs du cent. Cette circonstance de préférence m'annonce qu'en parvenant à dé-truire la bruyère dans mes bois, je l'aurai rem-placée, pour les besoins de la consommation du pays, avec bien des avantages, par le seul menu bois à provenir de mes pinières.

Ni dans le Maine, ni dans ma localité, on ne fait usage des jeunes pins pour échalas; mais cet emploi a lieu dans le Bordelais. Ce fait est at-testé notamment par M. Bosc, page 548 du tome II, et page 87 du tome X.

J'observerai ici, et j'aurai occasion de répé-ter au chapitre VIII, en parlant de l'émondage des pins, qu'il paraît nécessaire d'enlever le bois provenant des éclaircissemens qu'on fait dans les semis de pins, et qu'il y aurait des in-convéniens assez graves à le laisser sur place, sous prétexte qu'il ferait engrais et qu'il bo-nifierait le sol. C'est M. Hartig qui en fait la re-marque, et M. Lintz l'a dit également; le pre-mier aux pages 37 et 38 de son Instruction , et

le second aux pages 49 à 54, expliquent que le
bois mort dans les pinières donne naissance aux
escarbots et insectes, notamment aux bostriches-
imprimeurs et bostriches destructeurs des pins ;
en conséquence, ils recommandent beaucoup
de tenir les pinières dans une sorte d'état de
propreté qui aurait en outre deux autres avantages : 1°. de donner des produits pour la consommation ; 2°. et de donner des moyens de
travail, par conséquent des moyens tout-à-la-
fois de consommation et de reproduction.

7°. *Intervalle à mettre entre l'arrachis des bois
de pins, et leur façonnage en bourrées et
fagots.*

C'est ordinairement en morte-séve qu'on exploite les bois-feuillus. En raison de cela, il n'y
a aucune précaution à prendre pour le fago-
tage de leurs branches, parce qu'elles sont à-
peu-près dépourvues de toute séve lorsqu'on
les sépare soit des souches des cépées, soit des
tiges des arbres.

Mais lorsqu'on procède à l'éclaircissement des
semis de pins, il est rare que ce soit positivement en morte-séve, du moins pour eux, parce
qu'à l'exception d'un hiver bien rigoureux, ils
sont en séve toute l'année, sauf que c'est à un

moindre degré de décembre à avril, c'est-à-dire durant deux, trois ou quatre mois. Cette circonstance exige quelques précautions pour confectionner en bourrées et en fagots les rameaux résultant des éclaircissemens. Si on ne les laissait pas ressuer et se faner, ils fermenteraient, pourriraient, et ils perdraient de leur qualité, de leurs propriétés et de leur valeur.

D'un autre côté, il ne faut pas mettre non plus trop d'intervalle entre l'arrachis ou la coupe des brins qu'on supprime par le procédé de l'éclaircissement et la formation des bourrées et fagots, parce qu'en mettant un trop long intervalle, les aiguilles, qui en raison de leur nombre, de leur longueur et de leur dureté, sont importantes dans la masse du bois, se détacheraient des rameaux, et qu'alors il y aurait perte de matière combustible, par conséquent perte pour la société et perte pour le propriétaire.

La durée de l'intervalle à mettre entre la coupe des rameaux et leur façonnage en bourrées et fagots, peut varier de huit à quinze jours selon la température ; ce qu'il importe, c'est que, d'une part, ces rameaux aient ressué et soient fanés, et que, d'autre part, ils ne soient pas assez desséchés pour que les aiguilles s'en détachent.

8°. *Enfin quel est l'espacement définitif à adopter dans les bois de pins ?*

Cet objet est d'une très-haute importance, je me réserve de le traiter au chapitre XIV; ici je me bornerai à dire qu'il y a sous ce rapport une différence notable entre les bois feuillus et les bois résineux. Ceux-là exigent beaucoup plus d'étendue superficielle de terrain pour végéter avec tous les avantages dont ils sont susceptibles, que n'en exigent les espèces résineuses.

Ce qui peut leur être commun, c'est lorsqu'ils sont dans l'enfance et dans l'état adolescent. Alors, il est avantageux aux uns et aux autres de se trouver d'abord dans un état serré pour mieux filer, puis de les éclaircir graduellement pour les aérer, leur procurer de la lumière, et leur donner l'espacement nécessaire à leur nourriture, qui d'une part est terrestre, et qui d'autre part est aérienne.

Mais les bois feuillus qui, toutes choses égales, sont plus lents à croître et qui vivent plus long-temps que les arbres résineux, quoique n'ayant pas des dimensions plus fortes, exigent en dé-finitif un espacement beaucoup plus considé-rable que les résineux, tellement que la diffé-

rence est comme 1 à 11, entre les pins maritimes
et les chênes. Pour ceux-ci M. Varenne de Fenille, page 75 de la première partie, et M. de
Perthuis père, pages 191 et 201, fixent l'espacement à 26 pieds, depuis l'âge de cent vingt
ans jusqu'à deux cent vingt-cinq; de manière
que, durant plus d'un siècle, il ne s'en trouverait que soixante-dix par arpent d'ordonnance,
et chaque sujet exigerait, durant ce long espace
de temps, une étendue superficielle de presque
700 pieds; tandis qu'à l'espacement de 8 pieds
entre eux, les pins n'exigent qu'une étendue
superficielle de 64 pieds.

Cette différence, qui est énorme dans l'écartement des arbres, selon qu'ils appartiennent
à la classe des feuillus, ou qu'ils sont dans la
classe des résineux, quoiqu'à dimensions égales,
s'explique par les principes de la végétation.
1°. Il y a des arbres qui vivent les uns plus par
leurs racines, et les autres qui vivent davantage
par leurs tiges et leurs feuilles; les uns végètent
davantage à l'aide de la nourriture terrestre, et
les autres tirent plus de végétation de la nourriture aérienne; 2°. plus les arbres sont jeunes,
comme le remarque M. Bosc, article *Repos*,
pag. 154 du tom. XI; plus ils sont poreux, comme
le dit M. Yvart aux articles *Assolemens et Suc-*

cession de culture, et plus ils sont susceptibles
de vivre par leurs tiges et par leurs feuilles;
3°. les arbres résineux doivent être plus particulièrement dans ce cas-là, puisqu'ils conservent
toute l'année leurs feuilles ou aiguilles; M. Bosc
le dit même positivement à l'article *Pin*, pag. 81
du tom. X, et l'espèce maritime est plus particulièrement susceptible de vivre davantage par
sa tige et par ses rameaux, en ce que son bois
est plus particulièrement poreux; 4°. la lumière,
encore plus que l'air et la chaleur, qui cependant l'accompagnent toujours, mais qui n'en
sont pas également toujours accompagnés, exerce
au premier degré une influence très-active sur
la végétation. Or, les aiguilles, qui dans les
arbres résineux tiennent lieu de feuilles, ne pré-
sentant pas, sur-tout dans les pins, de surface,
elles laissent passer la lumière et par suite l'air
et la chaleur dans toutes les parties des sujets
dont elles dépendent, comme entre eux lorsqu'ils sont en massifs; tandis que, dans les bois
feuillus, les feuilles qui accompagnent leur végétation offrent par leur masse une si grande
surface, que les sujets ont besoin d'être, en
quelque sorte, isolés les uns des autres pour
pouvoir être atteints par la lumière sur les côtés,
et elle les atteint toujours imparfaitement, parce

que la voûte de feuilles qu'ils offrent intercepte le passage de la lumière par le haut, et s'oppose à la plénitude des bons effets de celle-ci. En interceptant ainsi le passage de la lumière, les feuilles, lorsque les arbres sont rapprochés, intterceptent également le passage de l'air, et elles repoussent la chaleur en l'empêchant de pénétrer sur les rameaux, sur les tiges des arbres et sur la terre qui les nourrit (1).

---

(1) Pour les personnes qui auraient besoin de preuve matérielle et d'objets de comparaison pour se convaincre de l'exactitude de ce que je dis ici, j'observerai qu'il existe en France une localité, peut-être unique, où on peut obtenir cette preuve, et faire cette comparaison, qui est d'un effet frappant à l'œil et aux sens. C'est au Bois David, chez M. de Ribard : il s'y trouve un massif de pins maritimes, âgés d'environ quarante-cinq ans, espacés régulièrement à 10 pieds les uns des autres. Leur grosseur, à quatre pieds au-dessus du sol, est de 3, 4 et 5 pieds et plus en circonférence ; leur hauteur est de 50 à 60 pieds, dont environ les deux tiers sont en tiges nettes de branches. En les considérant sur place, il est évident qu'ils sont très-largement espacés, et qu'ils pourraient l'être moins sans cesser de végéter à leur aise. Il est également évident que la lumière, l'air et la chaleur y pénètrent en abondance ; car, en se plaçant dans ce massif, on s'y trouve comme en plein air, et pour ainsi dire à ciel découvert ; tandis qu'une obscurité et une humidité péné-

Je viens de parler de l'espacement de 8 pieds,
et j'en ai ainsi parlé au numéro 5 qui précède,
comme étant l'écartement définitif à adopter
pour les pins entre eux. En effet, au pays du
Maine, où on a sur cela les lumières de l'expérience, on m'a uniformément parlé de cette
distance définitive entre les arbres comme étant
celle observée dans les pinières les mieux et les
plus convenablement garnies, en sorte que

---

trante règnent sous un autre et plus grand massif atte-
nant presque au premier, mais composé principalement
de chênes et de hêtres également espacés de 10 pieds,
également âgés d'environ quarante-cinq ans, mais n'ayant
qu'une grosseur de 1 à 2 pieds en circonférence; aussi
ces sujets sont-ils fluets et comme'étiolés. Cette obscurité
produite par la surface des feuilles de ces arbres est telle
que ni la lumière, ni l'air, ni la chaleur, ne peuvent
pénétrer dans ce massif. Aussi serait-il dangereux d'y
circuler, encore plus d'y séjourner si on se trouvait dans
un état de moiteur, et, n'y fût-on pas, on serait exposé
à tous les inconvéniens sanitaires cités par l'abbé Rozier,
article *Quinconce*, pages 9 et 10 du tome XI de son Dictionnaire de chez Déterville, au lieu qu'on n'éprouve que
du bien-être sous le massif de pins.

La raison de cette différence, qui est frappante lorsqu'on est sur les lieux, parce qu'alors les objets parlent
tout-à-la-fois aux yeux et à la sensation, vient, je le
répète, de ce que les aiguilles qui tiennent lieu de feuilles

c'est à ce point que, dans l'état actuel de mes connaissances, je crois pouvoir me fixer, mais avec d'autant plus de confiance que ,.1°. la force de la végétation des arbres dont se compose le massif de pins maritimes de M. de Ribard, au Bois David, où les sujets sont espacés à 10 pieds les uns des autres, offre, en les voyant, la preuve que même à 64 pieds superficiels, au lieu de 100 qu'ils se trouvent avoir, ils auraient encore assez de moyens de nourriture aérienne et de nourriture terrestre; 2°. qu'au témoignage de M. de Malesherbes, page 167, Miller enseigne cet espacement de 8 pieds pour les sujets de vingt ans

---

dans les pins n'interceptent nullement le passage de la lumière, ni de l'air, ni de la chaleur, tandis que les feuilles des chênes et des hêtres font interception par leur surface à ces trois météores qui agissent si puissamment sur la végétation.

Il serait à désirer, dans l'intérêt de la science forestière , que M. de Ribard voulût bien conserver ces deux massifs dans leur état actuel, pour offrir une preuve parlante de la possibilité d'avoir, en bois résineux, au moins dix fois plus d'arbres que dans les espèces feuillues sur la même étendue superficielle de terrain. Malheureusement, son massif de pins annonce la maturité , il demande la cognée ; et, d'autre part, son massif d'arbres feuillus réclame impérieusement d'être éclairci, car les sujets y sont étouffés, ils souffrent, s'étiolent et dépérissent.

d'âge ; 5°. et que Fornaini, page 21, cite, pour les sapins, l'espacement définitif comme devant être de 7 à 8 pieds. Ceux que j'ai été visiter pour mon instruction, dans les environs de Laigle, qui passe pour être le berceau des sapins de Normandie, sont effectivement très-rapprochés les uns des autres, quoique traçans et non pas pivotans, comme le pin maritime, et ce rapprochement ne paraît pas nuire à leur végétation, qui, dans cette contrée, est vigoureuse pour eux. Les sujets de 8 à 10 pieds de tour étaient communs auparavant qu'on abusât des demandes du commerce. En 1818, j'en ai vu des massifs où les sujets très-rapprochés avaient 5 et 6 pieds de pourtour, et 80 à 100 pieds de hauteur.

Toutefois, il peut y avoir, pour cet espacement des pins, une distinction à faire entre les deux espèces maritime et sylvestre, en ce que les dimensions de celui-ci sont beaucoup plus fortes en grosseur que dans l'autre espèce, de manière que le pin maritime de 3, 4 et 5 pieds de pourtour, et d'ailleurs pivotant, peut se trouver suffisamment espacé à 8 pieds, et le pin sylvestre, qui est quasi traçant, et dont la grosseur en circonférence est de 6, 7, 8, et même 9 pieds, peut être insuffisamment espacé à cette distance de 8 pieds, parce que la différence de matière,

dans un sujet de 4 pieds de grosseur, à celle
d'un sujet de 8 pieds, est comme 16 à 64, ou 1
à 4, et que, comme l'observe M. Varenne de
Fenille, pages 75 et 76 de la première partie, les
arbres doivent être d'autant plus espacés qu'ils
sont plus gros, quoiqu'il soit à considérer qu'il
parlait des arbres feuillus, et que cela est moins
nécessaire pour les arbres résineux.

Par cette considération que cette classe de
bois vit plus par l'air que par la terre, et la
considération aussi que l'espacement à 8 pieds
serait très-considérable, et le serait même trop
pour des pins d'une simple dimension de 3 pieds
de pourtour, je suis assez porté à croire, sans
néanmoins rien affirmer, que cet écartement de
8 pieds peut même être suffisant, ou voisin de
l'être, pour les pins de l'espèce sylvestre, dont
les dimensions sont triples et quadruples de
celles de l'espèce maritime.

Au surplus, je me fais un devoir d'observer
que, relativement à l'espacement des arbres
entre eux, ou à la quantité qui peut s'en trouver
dans l'étendue superficielle d'un hectare, de
manière à végéter et à y acquérir toutes les dimensions dont ils sont susceptibles, pour produire, en quantité comme en qualité, tous les
avantages que leur propriétaire et le consom-

mateur peuvent prétendre, il ne faut pas perdre de vue cette remarque de M. Varenne de Fenille, page 76 de la Ire. Partie : qu'on peut avoir plus d'arbres et moins de bois, remarque qui a d'autant plus de poids que, de son côté, M. Bosc, aux articles *Étiolement* et *Lumière*, a observé qu'il était prouvé que, dans toutes les plantations, il faut que l'écartement entre les pieds soit tel que les arbres ne se privent pas réciproquement des influences de la lumière. Les cultivateurs doivent donc, dit M. Bosc, faire attention que la lumière, et la lumière dans toute sa plénitude, est indispensable à la bonne végétation.

CHAPITRE VIII,

Concernant l'élagage des Pins.

Dans le Maine on est généralement partisan de l'élagage ou de l'émondage des pins, et à quelques exceptions près, on se livre à cette opération industrielle à un degré plus ou moins discret chez les uns, comme à un degré plus ou moins forcé chez les autres.

Auparavant d'examiner à quel âge des semis on doit élaguer, à quelle époque de l'année, et de parler de la manière de procéder à ce travail, il faut savoir s'il est vraiment utile.

Cette utilité est contestée même pour les arbres feuillus. Ce qui est incontestable, c'est qu'en admettant l'utilité, il faut apporter au travail de l'élagage une attention, un discernement et une discrétion qui ont rarement lieu dans la pratique.

Dans les arbres feuillus, on distingue sous ce rapport ceux qui croissent en massifs d'avec ceux qui sont isolés et en bordures. L'inutilité ou même les inconvéniens de l'élagage sont plus

positifs à l'égard des arbres en massifs qu'à l'é-
gard des autres.

Dans les arbres résineux, je vois leur élagage
plus ou moins blâmé : 1°. par M. Bosc, qui, à
l'article *Oxygène*, page 331 du tome I X , observe qu'il est nuisible de dépouiller les pins
et les sapins de leurs branches, par la raison
qu'ils absorbent moins d'oxygène que les arbres feuillus ; et à l'article *Élagage*, page 166
du tome V, M. Bosc avait déjà dit que les arbres verts redoutent l'élagage au dernier point ;
2°. par M. l'abbé Rozier qui, à l'article *Pin* de
son Dictionnaire de chez Buisson , page 377 du
tome V, observe que la vigueur de la végétation
des pins tient à leurs branches latérales ; que si
on se hâte de les supprimer sous prétexte de
favoriser la végétation du pied, il reste rabou-
gri : tout au plus doit-on, ajoute-t-il, élaguer
sobrement celles du bas, après la septième,
huitième ou neuvième année ; 3°. M. de Burgsdorf, qui, page 401 du tome Ier., traite de minutieuse la peine que l'on se donne, dit-il, à
tort, dans quelques endroits, de couper les
branches inférieures aux pins. M. Baudrillart,
son traducteur, rapporte à ce sujet une note de
M. Schultz, qui blâme plus positivement l'opération de l'élagage ; il la trouve nuisible, et il

ajoute qu'elle a l'effet d'empêcher les pins de
s'élancer, de telle manière qu'ils restent rabougris. Du reste M. de Burgsdorf ajoute que si les
pins sylvestres sont assez rapprochés pour
qu'à l'âge de six ans ils puissent se toucher par
leurs branches, ils se débarrassent de celles
inférieures qui périssent faute d'air; mais j'ai vu
le contraire de cet effet dans les nombreuses
pinières de pins sylvestres des forêts de Rouvray
et de Roumare, et dans un massif de pins
également sylvestres mélangés de laricios, éta-
bli par M. Posuel de Verneaux en sa terre du
Buisson, près Gros-Bois. Dans ces forêts où les
sujets étaient âgés d'environ douze ans lorsque
je les visitai, et souvent si rapprochés les uns
des autres qu'il y avait impossibilité absolue de
circuler dans toutes leurs parties, ils se trouvaient garnis de grosses branches latérales à la
base, si grosses que souvent elles le sont plus
que les tiges qu'elles semblent affamer, et si vivaces que ces sujets forment non des arbres,
mais des buissons. Dans le massif ou le boque-
teau de M. de Verneaux, l'effet est encore plus
frappant. Les sujets y sont plus élevés qu'en
Rouvray et Roumare; ils avaient douze à quinze
ans lorsque je les vis en juillet 1819; leur rapprochement est de 2 à 3 pieds, mais leurs bran-

ches latérales, quoique sèches et non vivaces comme dans ces deux forêts, sont si nombreuses, elles sont si adhérentes aux tiges, elles y tiennent tant, et elles résistent si fortement au mouvement d'essai qu'on fait pour les détacher, qu'il m'a été démontré, par la vue des objets, que l'émondage des pins sylvestres devait être une chose utile, et même nécessaire.

Aussi je vois l'élagage recommandé, 1°. par M. Hartig, en ce que, s'il enseigne aux pages 36 et 37 de son Instruction d'abandonner les pins sylvestres à eux-mêmes jusqu'à vingt ou trente ans, selon les sols, il ajoute qu'à cette époque on doit couper tout le bois mort et les *branches* superflues; 2°. par Miller qui, au témoignage de M. de Malesherbes, page 167, rapporte que cinq ou six ans après la transplantation des pins, il les faisait élaguer des branches les plus basses; 3°. M. de Turbilly, qui, page 16, dit qu'en ayant soin d'émonder les pins, ils croissent plus vite; 4°. dans la Champagne, où on ne cultive que les pins de l'espèce sylvestre, par la voie de la transplantation industrielle, qui est suivie du semis naturel, M. l'administrateur Allaire m'a appris qu'on les y élague; 5°. à Beernem en Flandre, M. Vandenbogaerde fait élaguer ses semis de pins sylvestres à dix ou onze ans ; 6°. enfin dans le Maine, comme je l'ai déjà annoncé, on y élague généralement les pins des deux espèces. Il y a cependant des contrées, et c'est sur les confins du département de la Sarthe, vers celui de la Mayenne, où on n'est pas dans l'usage d'élaguer. Les sujets y sont plus gros que là où on élague ; mais ils sont moins élevés, moins propres à faire de la charpente, de la planche et des mâts.

Je ne dissimule pas que le plus souvent il arrive, dans les contrées du Maine où on élague les pins, que d'une part on abuse de cette opération, et que d'une autre part on y procède d'une façon très-défectueuse. On en abuse en ce que, sous prétexte de se procurer du bois propre à faire des bourrées, et de se faire un revenu annuel de ses jeunes pinières, on élague outre mesure, au lieu de le faire avec discernement et discrétion ; on dépouille souvent les tiges de la quantité des branches qui leur sont nécessaires pour prospérer. Je dis qu'on y procède d'une façon défectueuse, en ce que, au lieu de faire faire le travail à la journée et de le faire surveiller, on l'alloue à moitié à des ouvriers qui, pour expédier plus vite leur besogne et pour se procurer plus de marchandise, font le travail de l'élagage, non par le moyen d'une serpette, et branche à branche, mais par le moyen d'une serpe qu'ils font mouvoir de bas en haut, de manière que d'un seul coup ils abattent plusieurs branches et plusieurs étages de branches, ébranlent les jeunes sujets, et font des blessures là où il faudrait faire une coupe nette.

Dans la balance des raisons qui peuvent déterminer à élaguer, ou au contraire à s'en abstenir, il faut, ce me semble, prendre deux choses en considération : la première est la valeur des travaux qui résultent de l'opération de l'élagage ; la seconde est la production du bois ou les moyens de consommation qui en résultent, s'il est reconnu que cette opération n'opère pas une déperdition dans les moyens de la végétation, c'est-à-dire une diminution dans l'accroissement et les dimensions des tiges.

Il m'a paru au surplus que les pins sylvestres avaient bien plus besoin d'être élagués que les pins maritimes ; dans les jeunes sujets de ceux-ci les branches latérales sont plus ou moins inférieures aux tiges, d'ailleurs elles sont moins basses, moins nombreuses que dans les pins sylvestres, et elles se détachent assez naturellement des tiges ; mais dans les pins sylvestres, les branches latérales sont fort souvent plus

grosses que les tiges , elles prennent naissance
sur celles-ci dès le niveau du sol, et elles sont
si nombreuses que, dans cette espèce, les sujets
ne forment pas des arbres, mais des buissons.
En voyant ceux des forêts de Rouvray et de
Roumare , j'ai éprouvé involontairement une
sensation pénible et indépendante du raisonne-
ment, parce qu'il m'a paru que leur état occa-
sionnait une perte pour l'administration , et
pour la société sous le double rapport de la
consommation et du travail. La vue de ces buissons m'a semblé être une preuve parlante de
l'utilité , de la nécessité même de les aider à se
transformer en arbres.

Toutefois je n'entends pas décider la question de l'utilité absolue de l'émondage des pins.
Je suis seulement enclin à croire à cette utilité
en faisant le travail de l'élagage avec discernement et avec modération ; c'est de cette manière
que j'y ai fait procéder jusqu'à présent dans mes
semis, et je me propose d'y apporter ultérieu-
rement d'autant plus d'attention, que j'ai eu occasion de voir dans le Maine, et que je suis
resté frappé des abus que là on fait de l'élagage.

Au surplus, pour m'éclairer sur ce point de
la culture des pins , je projette de continuer à

soumettre à l'opération de l'élagage des parties de mes semis de pins dans les deux espèces, mais en même temps de m'en abstenir dans d'autres parties, pour avoir, à l'aide des années, des objets ou des moyens de comparaison.

J'observerai que, selon ce que j'ai rapporté il y a un moment de l'opinion de M. l'abbé Rozier, et selon la note de M. Schultz, rapportée par M. de Burgsdorf, l'effet de l'élagage est de rendre les pins rabougris ; mais j'ai remarqué dans le Maine un effet uniformément contraire : là les pins qui n'ont point été élagués sont moins hauts, et dans ceux qui ont été émondés, les sujets sont d'autant plus élevés qu'ils ont été élagués avec plus d'exagération. L'effet de l'émondage dans le Maine n'est pas de rabougrir, mais au contraire d'élancer les pins et de diminuer de leur grosseur lorsque l'élagage n'est pas fait discrètement. Sur ce point, je dois à M. Lemarchand Foulongne, habitant du Mans, le service de m'avoir cité une pinière où l'élagage a été fait de deux manières différentes. Dans une partie émondée avec exagération, les pins avaient 12 pieds de plus haut que dans la partie élaguée convenablement ; mais les pins de cette seconde partie étaient de moitié plus gros que dans l'autre, ce qui faisait

plus que compensation ; aussi furent-ils esti-
més un cinquième de plus que les sujets trop
élagués.

Pour le cas où on croirait que l'élagage serait une chose utile, je vais examiner successivement,

A quel âge du semis il convient de faire le premier émondage ?

Il faut nécessairement distinguer entre les
deux espèces maritime et sylvestre. La première
étant plus hâtive dans son accroissement, et la
seconde étant plus tardive, il en doit résulter
que les pins maritimes sont susceptibles d'être
élagués à une époque plus rapprochée de leur
semis que les pins sylvestres.

Dans le Maine, où on ne trouve plus de jeunes
pinières uniquement en pins de l'espèce sylvestre sans mélange avec le maritime, on se
règle sur les besoins de cette seconde espèce.
A son égard, le premier élagage varie de cinq
à huit ans du semis ; on se détermine par la
force des sujets qui, dans de certains semis,
n'ont pas plus de hauteur et de grosseur à huit
ans que s'en trouvent avoir des semis de cinq
ans. On y tient d'ailleurs pour maxime, qu'en
émondant la première fois, on ne doit pas sou-

mettre à cette opération indistinctement tous les sujets d'un semis, mais seulement les plus forts; ceux qui ont 3 ou 4 pouces de circonférence un peu en-dessus du sol, ceux sur-tout qui ont la forme conique, ou de pain de sucre bien prononcée.

En voyant les pinières sylvestres de Rouvray et de Roumare, à douze ans de semis, il m'a paru évident que l'émondage auquel ils auraient dû être soumis, aurait aussi dû être fait depuis plusieurs années, par exemple, à huit ou neuf ans de leur semis.

A quelle époque de l'année doit-on élaguer les pins?

Sous le rapport de la qualité du bois, ce doit être en morte-séve, et même dans le croissant de la lune. Aussi, M. Allaire m'a-t-il appris qu'en Champagne, la saison où on élague les pins, est le plein hiver. Toutefois, M. de Musset de Cogners, qui a ses propriétés dans le Maine, m'a observé qu'il fallait éviter les momens de forte gelée, et les circonstances de frimas, de givre et de neige, tout en me citant les mois de février et de mars comme la saison la plus propre à l'élagage.

Selon Miller, au rapport de M. de Males

herbes, page 167, c'est au mois de septembre qu'il conviendrait d'élaguer. C'est en ce mois-là et en celui d'octobre que feu M. Vandenbogaerde, qui a créé sa forêt de Beernem, près Bruges en Flandre, faisait élaguer ses pins.

Dans le Maine j'ai trouvé les opinions divisées sur ce point ; j'y ai entendu dire que l'élagage en hiver ou au commencement du printemps, avait l'inconvénient d'exposer la résine qui coule de la blessure qui résulte de cette opération, à geler, ce qui, m'ajoutait-on, doit être nuisible aux arbres, et à raison de cela, j'ai vu professer l'opinion que le mois de juin était la bonne saison pour émonder. Aussi ai-je vu, par mes yeux, à la fin de juillet 1818, qu'on élaguait dans le Maine, durant l'été et les plus fortes chaleurs de l'année. Du reste, il arrive le plus souvent qu'on y élague en même temps qu'on éclaircit, en sorte que quand les deux travaux ont lieu dans une pinière, ils s'y font simultanément.

A quelle distance du tronc fait-on la coupe des branches ?

A Beernem, M. Vandenbogaerde faisait élaguer à ras du tronc, et ses pins des deux espèces

avoisinent la grosseur de 5 pieds de circonférence, à cinquante ou soixante ans d'âge.

Dans le Maine on est très-prononcé contre la
coupe à ras des tiges; on met de l'importance à
ce qu'elle soit faite à 1, 2, 3 et même 4 pouces
d'éloignement, et à la manière dite en *pied de
biche*.

J'ai eu quelquefois occasion de comparer à
la vue ces deux manières opposées de procéder
à l'émondage des pins, et toujours l'effet invo-
lontaire que j'ai éprouvé, a été de trouver d'un
aspect maigre et frêle les pins élagués à ras du
tronc; au lieu que les sujets élagués à quelques
pouces de distance, mais à une hauteur discrète,
m'ont toujours offert un aspect riche, l'apparence d'une végétation vigoureuse, et une forme
conique ou de clocher, qui prête beaucoup à
l'apparence d'une grande force végétative.

On peut, ce me semble, dire de cette manière d'élaguer dans le Maine, que c'est la taille
en crochet recommandée par M. Bosc, pag. 30
et 31 du tom. XIII; les parties de branches
de 1, 2, 3 et 4 pouces, font tire-séve; elles accu-
mulent, elles amusent et elles prolongent le
séjour de la séve dans la tige qui grossit en proportion de ces circonstances. Aussi, les sujets
convenablement élagués dans le Maine, y gros-

sissent rapidement; les chicots s'incorporent dans les tiges, car on ne les rabat pas. i's forment corps avec le bois, et ils présentent, lors de son emploi dans la menuiserie, des yeux d'un effet fort agréable, quoique détestés des ouvriers, à cause de la dureté du bois à ces endroits des nœuds, dureté qui est certainement due au plus long séjour de la séve, et séjour qui a dû favoriser le grossissement de la tige.

Il paraît que dans la Champagne on élague à une plus grande distance, car M. Allaire m'a cité celle de 6 pouces ; mais on rabat les chicots lors de l'élagage subséquent, au lieu que dans le Maine on ne les rabat pas.

A quelle hauteur porte-t-on l'élagage ?

Il importe beaucoup à l'utilité de cette opération, que cette hauteur soit plutôt en moins qu'en plus.

M. de Malesherbes, page 167, rapporte que Miller faisait le premier émondage très-légèrement, des branches les plus basses. M. Allaire m'a recommandé de ne faire élaguer qu'un étage de branches chaque année, ou, ce qui serait mieux, tous les deux ans. Dans le Maine, où souvent on élague en excès faute d'y donner suffisamment d'attention, ou pour se procurer plus de bourrées, et parce que ce travail se faisant à moitié profit pour l'ouvrier, il se trouve avoir intérêt à élaguer haut; dans le Maine, dis-je, il arrive ordinairement qu'on élague de manière à ne laisser que trois couronnes ou trois étages de branches aux sujets qu'on émonde; mais il ne m'a point été contesté que c'était trop peu, et il paraît qu'il convient d'en laisser quatre, cinq, six et même sept; aussi, M. Vandenbogaerde en laissait-il cinq ou six, et trouvait-il qu'à moins les sujets languissaient et grossissaient très-peu.

Si on répète les élagages ?

Il est évident qu'on doit les répéter, puisque pour bien opérer il faut en faire un premier à quelques années du semis, et que pour être bien fait il doit être très-modéré.

Selon M. de Malesherbes, page 167, Miller indiquait de répéter l'élagage tous les deux ans.

M. Allaire, dans son Instruction du mois de février 1815, m'a enseigné de répéter l'élagage tous les ans, ou même tous les deux ans, et de ne supprimer qu'un étage chaque fois.

A Beernem l'élagage se répétait tous les quatre à cinq ans.

Dans le Maine, c'est tous les deux, trois et

quatre ans. Dans les pinières maritimes on répète le travail jusqu'à quinze, vingt et vingt-cinq
ans, selon la vigueur et la force végétative des
sujets.

Mais, je ne puis trop le répéter, il vaut mieux
élaguer moins qu'élaguer trop ; et lors de tous
les émondages, il importe de s'attacher à laisser
aux sujets une houpe de quatre, cinq, six et
même sept étages de branches.

Emploi du bois provenant des élagages.

Ce bois n'est propre qu'à faire de la bourrée
et accessoirement des fagots. J'ai dit, au chapitre
précédent, qu'on employait avec beaucoup d'a-
vantages ces fagots et ces bourrées aux fours à
cuire le pain ainsi qu'aux fours des plâtriers,
briquetiers et autres chaufourniers. C'est effectivement là l'emploi qu'on en fait à Beernem chez
M. Vandenbogaerde.

CHAPITRE IX,

Où je traite plus particulièrement ce qui concerne la végétation des Pins, leur accroissement et leur âge de maturité.

Dans les arbres feuillus, la durée de la végétation est d'environ six mois chaque année ; mais les arbres résineux à feuilles persistantes, tels que les pins, ont une végétation plus prolongée. Il paraît qu'elle ne se ralentit que lors des grands froids, et qu'elle ne cesse totalement qu'autant que l'hiver est rigoureux. On a cette opinion dans le Maine, et elle concorde avec celle manifestée sur ce point par M. de Burgsdorf qui, en parlant du pin sylvestre et du climat d'Allemagne, qui est plus froid que celui de beaucoup de parties de la France, dit, à la page 399 du tome Ier., que la tige des pins continue de croître fort avant dans l'automne.

Cette plus longue durée de végétation dans les pins s'explique par cette triple considération : que les arbres vivent tout-à-la-fois par leurs feuilles et par leurs racines ; qu'il y en a même qui vivent, les uns continuellement, les autres durant des périodes de leur existence, plus par leurs feuilles que par leurs racines (1), et que ceux qui, comme les pins, conservent leurs feuilles toute l'année, doivent végéter également toute l'année, lorsque l'intensité du froid n'y fait pas un obstacle absolu.

Dans leur début à la vie, les pins ont une végétation très-lente ; mais à mesure qu'ils avancent en âge, elle prend une grande activité, tellement qu'après avoir été au-dessous de celle des bois feuillus, elle leur devient de beaucoup supérieure.

En cultivant les deux espèces maritime et sylvestre, j'ai eu occasion de remarquer une différence très-caractérisée entre eux sous ce rapport. Dès la première année, les pins maritimes s'élèvent bien davantage que les sylvestres, c'est généralement à 6 pouces pour ceux-là ; tandis que ceux-ci restent rampans cette première année, et même la seconde où leurs aiguilles s'allongent sans cesser d'être rampantes

----

(1) Je m'appuie, à cet égard, sur ce que M. Bosc et Messieurs ses collaborateurs disent aux articles *Assolement, Melon, Oxigène, Pin, Succession de culture, Transpiration des Plantes,* et *Végétation.*

sur terre. Cette différence, que je crois générale, doit résulter de ce que le pin sylvestre croît et vit le double d'espace de temps du pin maritime, du moins dans le pays du Maine, et de ce qu'en égalant celui-ci en grosseur comme en hauteur, vers dix, quinze et vingt ans, selon les terrains, il le surpasse ensuite en continuant de croître et de végéter, de telle façon qu'à l'époque de sa maturité, qui arrive au double de l'âge du maritime, il a aussi le double de sa grosseur, et par conséquent le quadruple de matière, outre qu'il a plus de hauteur et que son bois est plus dense que dans l'espèce maritime.

Après ces réflexions générales et préliminaires, j'examine successivement

Quel est l'accroissement annuel des pins en grosseur ?

Sous ce rapport l'accroissement des arbres est bien plus avantageux que sous le rapport de la hauteur. L'augmentation d'un pouce dans la grosseur donne incomparablement plus de matière que l'augmentation d'un pied dans la hauteur, outre que le bois des gros arbres est d'une meilleure qualité et qu'il est plus dense que celui des arbres élancés.

Dans les espèces feuillues, le taux commun du grossissement annuel varie selon les essences. D'après les expériences de M. Duhamel et celles de M. Varenne Fenille, il n'est que de 2 à 3 lignes en diamètre dans le chène, tandis qu'il est de 12 lignes dans le peuplier blanc ou l'ypréau, appelé aussi blanc d'Hollande.

A l'égard des pins, si la remarque que M. Varenne Fenille n'a faite que sur un seul sujet pouvait fixer l'opinion (pages 145 et 174 de la seconde partie), il faudrait dire que leur grossissement annuel est de 4 lignes en diamètre.

Selon ce que M. Bosc rapporte à l'article *Dune*, page 69 du tome V, le pin maritime introduit par M. Bremontier dans les dunes du bassin d'Arcachon, grossit annuellement de 5 à 6 lignes en diamètre.

Dans le Maine, où la grosseur des pins maritimes peut être approximée à 3 pieds de circonférence vers quarante ans d'âge, et où celle des pins sylvestres peut s'approximer à 6 pieds aussi en circonférence vers l'âge de quatre-vingts ans, il en résulte que, dans l'une et l'autre espèce, le grossissement annuel est d'environ 4 lignes en diamètre, mais toujours avec cette différence en faveur du pin sylvestre, qu'à l'époque de tout son accroissement il a, au double de l'âge du pin maritime, le quadruple de matière de celui-ci.

Enfin, selon M. de Burgsdorf, page 394 du tome Ier., la grosseur définitive du pin sylvestre en Allemagne est, dans les circonstances avantageuses, de 3 pieds et au-delà en diamètre à l'âge de cent quarante ans. Cela ne donnerait guère au-delà de 3 lignes par an ; mais à cent quarante ans, par conséquent à moins du double de l'âge des pins sylvestres du Maine, qui, à quatre-vingts ans, peuvent avoir 2 pieds en diamètre, il y a plus du double de matière que dans ceux-ci. Le rapport entre eux est pour l'âge comme 8 sont à 15 ; et, pour la matière, comme 4 sont à 9.

Quel est l'accroissement annuel en hauteur?

Dans les semis des bois, la croissance en hauteur est d'abord lente, elle devient rapide, et ensuite elle se ralentit ; elle cesse même lorsque l'accroissement en grosseur continue, ce qui forme une différence remarquable entre ces deux sortes d'accroissement.

Lorsque l'accroissement en hauteur se ralentit, lorsqu'il cesse tout-à-fait, la force végétative se porte sur la grosseur et sur la qualité du bois (M. de Perthuis père, pages 41 et 169).

Ainsi la croissance en hauteur n'a pas lieu durant toute la vie active des arbres, tandis que la croissance en grosseur a lieu dans toute cette période; car, lorsque les arbres cessent de croître en grosseur, lorsqu'ils deviennent stationnaires, ils sont arrivés à tout leur accroissement, ils ont acquis toute leur maturité, et ils ne tardent pas à décroître.

Toutes ces choses sont communes aux bois feuillus et aux bois résineux.

Mais, pour ne parler ici que des pins, et pour résoudre, à leur égard, la question que je traite, je dirai que leur accroissement, sous ce point de vue, a trop d'irrégularité pour être déterminé à un taux commun, de même qu'il peut l'être sous le rapport de la grosseur. Dans les premières années, l'accroissement en hauteur des pins n'est que de quelques pouces; plus tard elle devient subitement rapide, tellement qu'elle est annuellement de 1, 2, 3 pieds, et davantage; puis elle se ralentit et cesse tout-à-fait, lors même que l'arbre continue de croître, mais alors la croissance porte exclusivement ou à-peu-près sur la seule grosseur du sujet.

Et quel est l'âge de maturité des pins, ou le
maximum de leur accroissement ?

Selon M. de Burgsdorf, qui ne parle que du
pin de l'espèce sylvestre, il ne parvient en Allemagne qu'à cent quarante ans à tout son accroissement, dans les terrains avantageux (pag. 394
du tome IV).

Mais en France, selon M. de Perthuis père,
pages 96 et 186, le pin sylvestre arrive à tout
son accroissement, qu'il cite être de 7 à 8 pieds
de tour, à quatre-vingts et quatre-vingt-dix ans.

M. Juge de Saint-Martin, qui ne distingue
pas les espèces, dit, aux pages 56 et 57, que les
pins sont dans toute leur force à soixante ou
quatre-vingts ans, comme le sont les chênes à
cent cinquante et deux cents ans.

Dans la Campine du Brabant, où le sol est
excessivement maigre, le pin sylvestre cesse de
végéter dès l'âge de quarante à soixante ans,
au témoignage de MM. Peuchet et Chanlaire,
dans leur Statistique des Deux-Nèthes, page 14.

Mais à Beernem, près Bruges, les pins maritimes parviennent à maturité à cinquante et
soixante ans, tandis que les pins sylvestres, qui
là n'ont que cinquante-cinq à cinquante-six ans,
parce que la création de cette forêt par feu

M. Vandenbogaerde ne remonte qu'à cette époque, sont encore en pleine croissance.

M. de Turbilly, qui cultivait en France, dans la partie de l'Anjou limitrophe du Maine, et qui parle du pin maritime, cite l'âge de cinquante ans comme celui de la parfaite maturité de ce pin; ensuite, dit-il page 15, il dépérit.

Effectivement, dans le Maine, le pin maritime est réputé avoir acquis tout son accroissement de trente à cinquante ans; mais le pin sylvestre y végète activement le double de ce période d'années, c'est-à-dire jusqu'à soixante, quatre-vingts et même cent ans.

Dans l'une et dans l'autre de ces deux espèces de pins, la durée de la végétation, ou l'âge du maximum de tout leur accroissement, ainsi que l'étendue de leurs dimensions en grosseur comme en hauteur, varient selon les terrains, selon les climats, les expositions, et d'autres circonstances. En cela les pins éprouvent les mêmes influences que les arbres feuillus. Les mêmes circonstances produisent les mêmes effets sur l'un et sur l'autre de ces deux genres de bois, si différens qu'ils soient.

CHAPITRE X,

*Consacré à examiner quel est le meilleur amé-
nagement et la meilleure manière d'exploiter
les bois et forêts de Pins.*

Pour remplir cet objet, il faut examiner ce qui
est plus avantageux de l'exploitation en jardinant, ou au contraire de l'exploitation dite à
blanc-étoc.

Il faut aussi parler de l'arrachis ou du déra-
cinement des sujets exploités,

Et du réensemencement naturel, ainsi que
du semis industriel tant à neuf que partiel.

Il résulte de cette utilité d'envisager ce qui
concerne l'aménagement des pins sous ces différens points de vue, la nécessité de diviser
en plusieurs articles ce que j'ai à dire à cet
égard.

1°. Dans le Maine, on exploite le plus souvent les pins à la manière dite en jardinant : on
y est d'ailleurs partisan de l'arrachis des arbres
qu'on abat, pour qu'il en résulte une préparation du sol pour le semis, tant naturel qu'in-

dustriel ; qu'il en résulte aussi une amériora-
tion pour les arbres restés sur pied, parce que
leurs racines s'étendent rapidement dans la
terre remuée qu'elles vont chercher.

Lorsque, par exception, il arrive dans ce
pays qu'on fait coupe blanche et nette, on exploite de manière à arracher les souches des
arbres pour pouvoir dresser le terrain et le
labourer à la charrue, après quoi on le sème
industriellement et à neuf sans qu'on croie à la
nécessité d'un intervalle ni d'une culture arable
intermédiaire.

Et, lorsqu'on exploite en jardinant, ce qui
est le plus ordinaire, il arrive souvent qu'on a
l'attention de répandre à la main des graines de
pin sur l'emplacement des sujets arrachés ; pour
cela on fait combler les trous causés par leur
arrachis.

Sur ce point ou ces deux manières d'aménager et d'exploiter les bois de pins, j'ai vu,
dans le Maine, professer des opinions différentes. M. de Menjot d'Elbenne et M. Lemarchand Foulongne, m'ont témoigné qu'il était
préférable de faire coupe blanche et de réensemencer ensuite à neuf, après avoir préalablement fait labourer le terrain à la charrue, plutôt que d'exploiter en jardinant et d'aider le ré-

ensemencement, qui se fait toujours plus ou moins naturellement, par un semis industriel. Selon M. de Musset de Cogners, la coupe blanche et le réensemencement à neuf conviennent effectivement au propriétaire forain ; mais pour celui qui habite le pays, ou pour celui qui sans l'habiter donne des soins de maître à ses pinières, il préfère la perpétuité de celles-ci ; par conséquent l'aménagement ou la coupe en jardinant, et le réensemencement partiel et industriel, pour seconder le semis naturel.

2°. Dans la Campine du Brabant où le sol est excessivement maigre, puisque les pins, quoique de l'espèce sylvestre, arrivent à tout leur accroissement de quarante à soixante ans, on fait, d'après la statistique de MM. Peuchet et Chanlaire, pages 13 et 14, deux seuls éclaircissemens, savoir : un à dix ou douze ans de semis, et un autre huit ans plus tard, par conséquent à vingt ans de semis ; mais ensuite, c'est-à-dire de quarante à soixante ans de ce semis, on fait une coupe à blanc-étoc et on déracine les sujets ; après quoi on en met le terrain en céréales ou on le réensemence à neuf et industriellement en pins, après y avoir préalablement récolté des pommes de terre, ou enfin on y plante du chêne et du bouleau.

A Beernem en Flandre, on ne fait point de coupe blanche, on y coupe les pins au fur et à mesure de leur maturité, puis et à la suite de leur arrachis on laboure le terrain; on y met des engrais, on y sème du seigle au moins durant six ans, et après cela on réensemence en pins.

Dans la forêt de Rouvray, les pins maritimes qui y avaient été semés en 1756, 1757 et 1759, ont été exploités à blanc-étoc, dans les années 1803 à 1805, c'est-à-dire, vers quarante-cinq à cinquante ans d'âge. Il est résulté de ce mode d'exploitation qu'on abattait les jeunes sujets provenus du semis naturel, comme les sujets arrivés à maturité, et que le sol est resté nu parce qu'on n'y a laissé aucun porte-graine; néanmoins, il se trouve aujourd'hui généralement assez repeuplé. Ce repeuplement est résulté tout-à-la-fois du réensemencement naturel et du réensemencement industriel, que M. Ricard, inspecteur de la 3e. Conservation des forêts de France, fit opérer à cette époque en faisant répandre sur le sol, mais sans le dresser ni lui donner aucune façon, de la graine prise sur les sujets qu'on exploitait.

3o. Voici, sur ces deux manières d'exploiter les pins, des opinions de personnes fort ins-

truites, mais qui néanmoins pensent différemment ; les unes indiquent la coupe en jardinant
comme la seule bonne, et les autres la blâment,
sinon en théorie, du moins dans la pratique.

Parmi les partisans de la coupe en jardinant,
je citerai d'abord M. de Burgsdorf qui, pages 262
à 264, du tom. II, dit que c'est une très-grande
faute d'abattre à blanc-étoc les bois de pins,
l'expérience ayant prouvé, dit-il, que le reboi-
sement de ces bois ainsi exploités, est tout-à-la-
fois dispendieux et très-incertain. Il conseille
d'exploiter de cette façon : qu'on entame en
même temps trois coupes, en ne prenant dans
chacune que le tiers de la superficie, mais répé-
tant cela dès les années suivantes, de façon que
chaque coupe se trouve exploitée en trois années.

M. Noirot a consacré le chapitre XIX de son
Traité de l'aménagement et de l'exploitation des
bois privés, à exprimer l'opinion que les bois
résineux devaient être exploités en jardinant.
A la page 102 de cet ouvrage, il cite pour les
bois feuillus, l'exemple d'un mode d'exploitation
analogue à celui conseillé par M. de Burgsdorf.
Il dit que dans de certaines parties du Nivernais où les bois taillis sont aménagés à vingt-
quatre ans, on exploite en trois fois, mais à
huit ans de distance, ceux situés en terrain cal-

caire, exposés aux ardeurs du soleil, afin que les brins de seize ans et de huit ans qui restent sur pied, abritent les repousses de ceux de vingt-quatre ans qui sont exploités, et leur procurent de l'ombre et de l'humidité.

M. de Buffon, pages 292 et 293, exprime l'opinion qu'une coupe nette serait la ruine d'un bois de pins. Il faut, dit-il, laisser cinquante ou soixante arbres par arpent, ou, ce qui serait mieux, ne couper que la moitié ou le tiers des arbres alternativement, ou enfin, ce qui serait encore mieux, ajoute-t-il, et ce qui serait la manière la plus avantageuse de toutes, y couper tous les ans.

M. Duhamel, aux pages 68 et 69 de la préface, dit que tout serait perdu si l'on abattait à blanc-étoc les bois de pins et de sapins. Il doit convenir, ajoute-t-il page 390 de son Traité, d'exploiter les bois de pins par éclaircissement en les jardinant, quoique ce ne soit pas d'une nécessité aussi indispensable que pour les sapins qui, plus que les pins, ont besoin d'ombre dans leur début à la vie.

M. Hartig est entré dans beaucoup de détails sur ce point de la science forestière. On peut consulter son Instruction sur la culture des bois, et on y verra, notamment aux pages 29,

(188)

32, 33, 38, 39 et 40, qu'il blâme la coupe nette,
et qu'il conseille plusieurs manières qui toutes
participent de l'exploitation en jardinant.

Enfin, M. Bosc, à l'article *Pin*, page 87 du
tom. X, après avoir remarqué qu'on doit d'abord
éclaircir les semis de pins, ajoute que, lorsque
les sujets y ont acquis de certaines dimensions,
on change de méthode; alors ce sont les plus
gros sujets qu'on abat annuellement, mais en
y apportant de la modération, en en réservant
toujours de distance à autre, tant pour fournir
de la graine que pour avoir des pièces de fortes
dimensions. M. Bosc ajoute, qu'outre cette manière, qui est celle dite en jardinant, et qui est
la plus commune, il y en a d'autres qui con-
sistent, savoir : l'une, à couper par grandes places;
une autre, à couper par allées plus ou moins
larges, perpendiculaires à la direction du vent
dominant; et une troisième où on coupe successivement, en commençant au-dessous du vent.

Mais M. de Perthuis père et M. de Perthuis
fils blâment l'exploitation en jardinant.

Le premier s'explique, à cet égard, aux
pages 87 et 182 à 186, de son Traité de l'aménagement et de la restauration des bois. Il cite
des inconvéniens au nombre de six plus ou
moins graves, et il trouve qu'avec quelques pré-

cautions qu'il indique, on pourrait soumettre les bois résineux à un aménagement périodique, comme il le propose pour les bois feuillus.

M. de Perthuis fils a plus particulièrement parlé de l'exploitation des arbres résineux à l'article *Aménagement*, pages 280 à 282 du tom. Ier.; il lui a semblé que les opinions de M. son père sur ce point avaient beaucoup d'analogie et de concordance avec celles manifestées par M. Hartig, et il lui a paru que celui-ci blâmait l'exploitation en jardinant proprement dite. Mais, ainsi que je l'ai rapporté au chapitre VII, M. de Perthuis fils, tout en convenant que l'éclaircissement, qui est une sorte d'exploitation en jardinant, était une excellente méthode en théorie, a hautement témoigné l'opinion qu'elle ne pouvait pas néanmoins être mise en pratique à cause des abus auxquels son exécution donnerait infailliblement lieu.

J'observerai à cette occasion que, parmi les six inconvéniens reprochés par M. de Perthuis père à la coupe en jardinant, et répétés par M. de Perthuis fils, il y en a deux; ceux qui sont numérotés 3 et 4, qui résultent du dommage que l'enlèvement et le charriage des gros sujets doivent causer à ceux restés sur pied; mais que ces deux inconvéniens seraient à-

peu-près nuls si, comme on me l'a recommandé
dans le Maine, plus que je ne l'y ai vu mettre
en pratique, on avait soin de percer ses pinières
d'allées assez multipliées sur toutes les faces
pour qu'on puisse enlever et charrier les gros
sujets exploités sans entrer dans les plantations.
Ces allées ou percées aboutiraient toujours à
des chemins ou à des routes principales d'exploitation, et, si multipliées que seraient ces
allées, elles occasionneraient d'autant moins de
perte de terrain, qu'elles auraient tout au plus
besoin d'une largeur double de l'espacement
que doivent avoir les pins entre eux; et d'ailleurs ce plus grand espacement sur quelques
points serait compensé par les avantages des
plus grandes dimensions et d'une plus grande
force végétative dans les sujets longeant et
avoisinant ces allées ou percées, à cause de
l'augmentation de lumière, d'air et de chaleur
qu'ils recevraient, avantages qui sont attestés
par tous les auteurs forestiers, et parmi lesquels je me bornerai à citer M. Duhamel, pages
53 et 54 de sa Préface, et 275 à 277 de son
Traité; M. Juge de Saint-Martin, page 50;
M. Plinguet, pages 202 à 204; M. Varenne de
Fenille, page 210 de la troisième partie; M. de
Perthuis père, page 359 à 363 ; M. de Perthuis

fils, à l'article *Forêts*, page 61 du tome VI, et M. Noirot, pages 76, 77, 80 à 82 de son Traité de l'aménagement et de l'exploitation des bois privés.

4°. D'après ce que je viens de rapporter, il me paraît certain qu'il y a plusieurs manières d'aménager et d'exploiter les bois de pins.

Sont-elles toutes plus ou moins bonnes, ou, au contraire, y en a-t-il dans le nombre qui soient défectueuses ? Je n'oserai pas prononcer : je dirai seulement que, ne trouvant pas le point du meilleur aménagement suffisamment éclairci, je projette de visiter notamment les sapinières de France dites des Vosges, où, selon l'expression de feu M. Allaire, les sapins viennent à miracle, afin de m'éclairer par la connaissance de ce qui s'y pratique.

Toutefois, en attendant que j'aie acquis plus de lumières sur ce point, j'incline à penser que les différentes manières d'aménager et d'exploiter, les unes en jardinant, les autres à blanc-étoc, celles de couper par bandes ou allées, de couper en laissant des bouquets entiers, comme l'enseigne M. Hartig, et de couper en laissant seulement des porte-graines, j'incline, dis-je, à penser que ces diverses manières sont

toutes susceptibles d'être mises avantageusement en pratique, du moment qu'on apportera
à l'exploitation, dont on fera choix, plus d'attention qu'on n'en donne à un bois feuillu
aménagé en taillis ; je veux dire qu'on prendra
les soins nécessaires : 1°. pour réensemencer,
tant naturellement qu'industriellement, le terrain où on exploitera, n'importe par quel
mode ; 2°. et pour ménager les jeunes sujets
qu'on laisse sur pied lorsque l'exploitation ne
se fait pas à net, comme on l'a pratiquée, à
tort ou à raison, en 1803 et les années suivantes, dans la forêt de Rouvray.

5°. Mais il est bon d'envisager les choses sous
le rapport du mélange des deux espèces sylvestre et maritime, parce que, comme je l'ai
observé notamment aux chapitres III et IX, il
y a une différence du simple au double entre
ces deux espèces pour la durée de la vie végétative, et qu'à raison de cette circonstance,
l'âge de maturité ou de tout l'accroissement des
sujets, par conséquent l'âge de leur exploitation, ne se trouverait pas être le même dans
l'une et dans l'autre espèce.

Si donc il y avait mélange de ces deux espèces sur le même sol, il ne pourrait pas y avoir

exploitation à blanc-étoc sans éprouver le grave inconvénient de sacrifier entièrement une des deux espèces à l'autre, puisque, si on exploitait celle sylvestre à l'époque de la maturité de l'espèce maritime, celle-là ne serait qu'à la moitié de son période d'accroissement, ou, en d'autres termes, au quart de sa production en matière et de sa valeur, et que si on ajournait l'exploitation de l'espèce maritime au temps de maturité de l'autre espèce, celle-là serait plus ou moins dépérie.

Dès-lors il faut dire qu'en cas de mélange des deux espèces sur le même sol, l'exploitation en jardinant est indispensable, et que ce mode d'aménagement est une conséquence nécessaire du mélange. Cela a beaucoup de ressemblance avec l'éclaircissement ; mais pour ceux qui adoptent celui-ci, cette manière d'exploiter les pins des deux espèces mélangées ensemble est une chose toute simple.

De là je conclus que si on voulait préférer le mode d'exploitation à blanc-étoc, et rejeter celui dit en jardinant, il faudrait nécessairement s'abstenir de mélanger les deux espèces ensemble.

Je terminerai par rappeler que, sous le rapport de la sympathie, ce mélange peut avoir lieu. M. Varenne Fenille, comme je l'ai rapporté au chapitre IV, la nie bien ; mais M. de Burgsdorf, comme je l'ai également rapporté, l'atteste au contraire, et ce que j'en ai vu dans le Maine, ne me laisse aucun sujet de douter de cette sympathie.

CHAPITRE XI,

Concernant l'époque de la coupe ou de l'exploitation des bois et forêts de Pins ; l'influence très-caractérisée de cette époque sur la qualité du bois, et la nécessité de le débiter tout aussitôt son exploitation.

J'AI appris dans le Maine, où on ne le sait communément que depuis un petit nombre d'années, que le bois de pin est tout bon, ou qu'au contraire il est tout mauvais, selon qu'on l'a abattu tout–à-la-fois hors séve et dans le croissant de la lune, ou qu'au contraire on l'a exploité en séve et en décours.

Ce point me paraît si important dans la pratique, et susceptible d'une si grande influence sur les avantages qu'on peut se promettre de la culture des pins, que je crois devoir traiter la chose avec quelques développemens et sous quatre articles distincts.

1°. J'examinerai d'abord les principes relatifs à l'influence que la circonstance de séve,

13 *

ou au contraire la circonstance de hors-séve, exerce sur la qualité du bois qu'on exploite.

Je citerai en premier lieu l'opinion émise sur ce point par Bernard Palissy, livre premier de l'Agriculture, pages 518 et 519 : Si les bois, dit-il, sont coupés par un vent humide, comme ceux du sud et de l'ouest, ils se trouvent enflés et pénétrés d'une humidité ou plutôt d'une humeur susceptible de s'échauffer et d'engendrer des vermines qui gâteront le bois, en sorte que la charpente d'un bois ainsi coupé sera de petite durée; mais s'il était coupé par un temps froid et par un vent du nord, les pores du bois étant alors resserrés, il sera plus fort; de manière, ajoute Bernard Palissy, qu'il faut couper les bois en hiver et lors d'un froid sec.

A l'article *Vermoulure*, du Nouveau Dictionnaire de Rozier de chez Deterville, page 429 du tome 13, on dit que l'expérience a prouvé que plus les bois sont durs et moins ils sont attaqués par les larves des insectes; qu'il est également prouvé que plus les arbres avaient de séve au moment de leur coupe, et plus ils sont recherchés par les insectes. On ajoute, qu'une des conséquences à déduire de ces faits, est qu'on ne doit couper les arbres destinés à un service durable, que lorsque leur séve est dans la plus grande stagnation possible, c'est-à-dire au milieu de l'hiver.

Aussi, M. Bosc, qui a rédigé l'article *Pin* du même Dictionnaire, observe-t-il, page 87 du tome X, que la méthode adoptée dans les Alpes, de couper les pins et les sapins durant tout l'été, quoique commandée par la position de ces arbres dans des localités couvertes en hiver de plusieurs pieds de neige, est vicieuse en ce que les arbres sont en séve, et par conséquent donnent des bois de qualités inférieures.

M. Noirot, page 105 de son Traité de l'aménagement et de l'exploitation des bois, assure que l'opinion uniforme des architectes et des charpentiers est, que le bois de charpente coupé du mois de mai au mois de septembre, se vermoule beaucoup plus promptement que le bois qui est coupé du mois de septembre au mois de mai.

M. Hartig, page 23 de son Instruction, remarque, de son côté, que le bois coupé en séve est sujet à la vermoulure; et il rapporte, page 98 de ses expériences sur la combustibilité des bois, avoir expérimenté que le bois coupé en séve est, sous le rapport du chauffage, inférieur d'un huitième au bois coupé hors séve.

2°. J'examine à présent ce qu'on doit penser de l'influence attribuée à la lune sur la qualité ,du bois qui s'exploite.

A cet égard, l'opinion des savans et des praticiens est positivement opposée.

Ainsi, M. Bosc, pages 371 et 372 du tome II, rejette de la manière la plus formelle le sentiment de ceux qui veulent qu'on coupe les bois durant le décours de la lune, pour assurer leur conservation ; et M. Juge de Saint-Martin, page 224, assure également que la lune ne fait rien à la bonne ou à la mauvaise qualité du bois qu'on exploite, mais il convient que la plupart des forestiers observent de n'abattre les bois, sur-tout ceux de marine, que dans le décours de la lune.

Cependant, tous les architectes, les charpentiers, les charrons, les marchands de bois et les bûcherons avec lesquels j'ai eu occasion de m'entretenir sur ce point d'économie ou de la science des bois, sont uniformément d'avis que la lune exerce une influence positive sur la qualité des bois exploités. Tous s'accordent à dire qu'ils doivent être coupés dans le décours de la lune, sans quoi ils se vermoulent plus ou moins ; le châtaignier, par exemple, davantage, quant à celui dont on fait du cerceau ; ce qui

s'explique par cette considération que, lors de
cet emploi, il est plus jeune, et pour ainsi dire
herbacé en comparaison de celui employé
dans la charpente, à la menuiserie et aux douves, ce qui le rend plus accessible à la fermen-
tation qui est suivie de vermoulure.

Une chose qu'il est important de remarquer
sous ce point de vue, c'est qu'il y a une différence du tout au tout entre certains arbres ;
je veux dire que pour la presque totalité de
ceux feuillus, leur exploitation est réputée devoir être faite dans le décours de la lune, tandis que pour le frêne, ce doit être au contraire
dans le croissant de la lune. Je ne connais
aucun auteur qui ait fait cette distinction ;
mais elle m'a été faite uniformement par les
charrons, les marchands de bois et les bûcherons.

3°. Dans le Maine, j'ai trouvé l'opinion unanimement professée par les propriétaires, les
cultivateurs ou créateurs de bois, les consommateurs, les marchands de bois et les bûcherons, que le bois des deux espèces de pins n'y
était bon qu'autant que ces trois circonstances-
ci concouraient, 1°. abattu en hiver, 2° dans
le croissant de la lune, 3°. et débité tout aussitôt. On m'a ajouté qu'il y avait un degré de

plus dans la bonne qualité du bois, lorsqu'il était abattu par un vent d'amont. Cette circonstance est, dit-on, si avantageuse pour le bois de pin, qu'elle neutralise en grande partie les graves inconvéniens de l'exploitation en séve et en décours. Aussi, lorsqu'elle concourt avec l'abattis hors séve et en croissant, le bois du pin a toute la bonne qualité dont il est susceptible ; par la même raison, si la température était chaude lors de la coupe des pins, ce serait une circonstance réputée désavantageuse pour la qualité de leur bois.

On a reconnu dans le pays du Maine, que le bois de charpente des pins abattus dans le décours de la lune, se vermoulait très-promptement; et il m'a été assuré au Mans, qu'on entendait, en approchant l'oreille des solives de bois de pins lors d'une température chaude et en décours, le bruit que font les vers dans ce bois de charpente abattu tout-à-la-fois en séve et dans le décours de la lune.

La charpente de la partie nouvelle de la ville du Mans est en bois de pin maritime ; elle n'avait en 1818 que quinze à vingt ans, et cependant elle était généralement plus ou moins vermoulue, au point qu'on croyait à la nécessité de la renouveler bientôt. On attribuait uniformément cet état de vermoulure à ce que, lors de cet emploi du bois de pin, on ignorait ou on avait oublié la nécessité de ne couper les bois de cette espèce que hors-séve et en croissant. A ce sujet, et pour prouver que le bois de pin est dans le cas de faire d'excellente charpente, M. Thoré, qui est du nombre des créateurs de bois au Mans, m'a fait l'honneur de me dire, à cette époque de 1818, qu'il avait vu dans ces derniers temps, en cette ville, la charpente d'une vieille maison qu'on venait de démolir; que cette charpente était en bois de pin maritime, réputé inférieur au bois de pin sylvestre ou d'Ecosse, et que, quoique probablement employé depuis environ deux cents ans, ce bois était parfaitement sain.

Enfin, voici comment on procède dans le même pays du Maine à l'exploitation d'une pinière, lorsqu'on veut faire de la bonne besogne et avoir de la bonne marchandise : les bûcherons coupent, ou plutôt ils déracinent les arbres durant le croissant de la lune, dans les seuls mois de février et de mars, selon les uns, et de novembre à avril selon d'autres. Pendant le décours de la lune, les bûcherons s'occupent à déhoupper les arbres, à faire des bourrées, scier les tiges dans les longueurs qu'on les veut, former leurs chantiers de bois de chauffage, et fendre les culées; en même temps, les scieurs de long et les charpentiers débitent les pièces ainsi coupées et préparées par les bûcherons.

4°. Sur la nécessité de débiter promptement le bois des pins, pour lui conserver toute la qualité dont il est doué par la nature, j'observerai que cela me paraît conforme à ce qui est enseigné par les auteurs qui ont écrit sur ce point. En effet, M. Juge de Saint-Martin recommande aux pages 164 et 229 à 231, d'équarrir promptement les arbres coupés, parce que ce qui peut accélérer l'évaporation de la séve est favorable à leur conservation; que si on tarde, le bois s'échauffe et les vers s'y mettent. Il ajoute, que le hêtre et les bois blancs sont plus sujets que le chêne à fermenter au mois d'août, et à se corrompre.

M. Bosc, à la page 132 du tome V, observe qu'on écorce fréquemment les arbres coupés pour étendre leur conservation, parce qu'on a remarqué que les insectes et la pourriture agissaient d'abord sous l'écorce, et s'étendaient graduellement ensuite jusqu'au cœur.

Ce que j'ai rapporté sous le N°. 1, qui précède, de l'opinion de Bernard Palissy et d'autres personnes, établit également la nécessité de faire évaporer promptement l'humidité séveuse dont les arbres sont plus ou moins imprégnés au moment où on les abat, pour prévenir leur vermoulure (1).

Aussi, dans le Maine, m'a-t-on témoigné uniformément l'opinion qu'il fallait débiter les bois de pins tout aussitôt leur abattis, et m'a-t-on assuré que s'ils étaient laissés gisans sur le sol, ils s'y pourriraient et s'y décomposeraient avec une grande rapidité. Cet effet serait encore plus prompt si on abattait en séve et en décours.

Ces trois circonstances, qu'il paraît indispensable d'observer pour que le bois de pin soit bon, peuvent expliquer pourquoi celui provenu des 160 arpens d'ordonnance, exploités par M. Lebon, dans la forêt de Rouvray, en 1803, 1804 et 1805, devint si défectueux et

---

(1) J'ai cependant entendu dire au sellier-carrossier du Roi, qu'à l'égard de l'orme et du frêne, il se gardait bien de les faire écorcer aussitôt leur coupe. Cela ferait, selon lui, évaporer la séve trop subitement, et ferait singulièrement fendiller les corps d'arbres ; au lieu que leur écorce empêche cette évaporation et ce fendillement. Il se trouvait bien, m'ajoutait-t-il, de conserver ces corps d'arbres avec leur écorce, depuis l'automne ou l'hiver de leur exploitation jusqu'au printemps, qu'il les fait écorcer et débiter simultanément.

dépérit si rapidement, que, malgré le prix très ¡
élevé du bois à Rouen et aux environs, à cette
époque, M. Lebon n'obtenait aucune offre de
son bois de pin, et qu'on pensait qu'il ne valait
pas le charroi; car M. l'inspecteur Ricard, sous
les yeux de qui l'usance de ces pins a été faite,
a eu la bonté de m'expliquer que, dans cette
usance, M. Lebon n'avait observé ni les circonstances de la séve, ni les phases de la lune, ni
la promptitude du débitage de sa marchandise.
Plus de la moitié de tous ces pins fut abattue
en plein été, et resta des mois entiers sur le
terrain sans être façonnée. Il est probable que
ce résultat fâcheux n'aurait point eu lieu si
M. Lebon avait pris en considération ces trois
circonstances du hors séve, du croissant de la
lune et du prompt débitage; mais, lors même
qu'on voudrait douter des causes qui ont produit ce résultat, il n'est pas moins nécessaire
qu'on en soit prévenu, pour être libre de ne
pas s'exposer à des pertes, et à attribuer au bois
des pins une infériorité de qualité qui, selon ce
que je viens de rapporter, ne serait probablement que l'effet du défaut d'observation de
règles, qui paraissent être à son égard beaucoup
plus positives qu'elles ne le sont pour les essences
feuillues.

CHAPITRE XII,

Consacré à ce qui concerne l'écorcement des bois de Pins, à l'extraction de la résine, à l'âge où ils donnent des graines fertiles, et à divers autres objets d'un ordre secondaire, mais qu'il est utile de connaître.

Ces divers objets sont assez nombreux ; je vais les traiter successivement et distinctement les uns des autres.

Sur l'écorcement.

Je n'entends en parler ici que pour les arbres qui sont propres à la charpente, à la menuiserie et à la mâture, mais sans étendre cette opération aux sujets à extraire des pinières, lors des éclaircissemens dont j'ai fait le principal objet du chapitre VII, ni aux sujets qu'on destine au chauffage, par la double raison que l'écorce n'en paraît pas avantageuse pour le tannage, et que, sous le rapport du chauffage, le bois écorcé est moins avantageux, du moins

pour le feu ouvert, que l'est celui qui a con-
servé son écorce, sauf que, pour les pins, il
faut, avant leur emploi au feu, les dépouiller
de l'écorce, parce qu'elle y pétille; mais ce dé-
pouillement s'opère ou naturellement ou industriellement, au moment de l'employer.

L'objet de l'écorcement des arbres est de
donner une plus grande dureté, et par conséquent une plus grande durée à leur bois. M. de
Buffon, M. Duhamel, M. Juge de Saint-Martin,
M. Varenne Fenille, M. Bosc et tous les auteurs
qui se sont occupés des bois sous ce point de
vue, s'accordent à trouver des avantages à l'é-
corcement des arbres destinés à la charpente,
à la menuiserie et à la mâture. M. de Buffon dit
positivement, page 299, avoir fait écorcer sur
pied des pins comme d'autres arbres, et que,
dans tous, leur bois acquérait plus de force,
plus de dureté et plus de solidité. M. Malus,
au rapport de M. Bosc, article *Écorce*, page 131
du tome V, a expérimenté de son côté que le
bois des pins écorcés sur pied était plus dur,
plus fort, et annonçait plus de durée que celui des autres.

C'est en pleine séve, et préférablement à
celle du printemps, qu'il convient d'écorcer.
Pour les bois feuillus, la durée de la séve est

moins longue, et pour les pins elle l'est davantage ; mais on doit écorcer lorsque la séve est
dans sa plus grande force, non-seulement parce
que le travail en devient plus facile, mais aussi
et principalement parce que plus la séve est
active au moment de l'écorcement, plus le bois
du sujet écorcé devient dur.

Il faut au surplus observer qu'il est nécessaire de mettre un intervalle d'une et même de
plusieurs années entre l'écorcement et l'abat-
tage des arbres, pour obtenir tous les bons
effets de cette opération. M. de Buffon a fait
écorcer des chênes qu'il a laissés sur pied jusqu'à quatre ans, c'est-à-dire tout le temps qu'ils
ont donné des signes de végétation ; et il a reconnu que plus les sujets donnaient long-temps
ces signes, plus le bois avait de qualité. Il a
même reconnu que les pins, les sapins, et autres arbres toujours verts dépouillés de leur
écorce, vivaient plus long-temps que les chênes
auxquels on avait fait la même opération.

Je n'ai pas, au moment présent, d'expérience
personnelle sur les avantages attribués à l'écorcement des arbres, notamment des pins ; mais
je me propose d'en acquérir lorsque j'aurai des
sujets suffisamment forts pour être employés à
la charpente.

Dans le pays du Maine, on ne pratique pas cette opération d'écorcement.

Je le répète, ces avantages n'ont lieu que pour le bois d'œuvre, et ils ne paraissent pas s'étendre au bois de chauffage, du moins au feu ouvert, parce que, selon la remarque de M. de Perthuis, c'est la matière mucilagineuse qui augmente la chaleur dans le bois de chauffage, et que celui écorcé en est privé, ou qu'il en a moins que le bois revêtu de son écorce. Je dis du feu ouvert, car il paraît que pour le feu clos , tel qu'un poêle , l'évaporation étant moindre, la chaleur dite rayonnante éprouve moins de déperdition , et que, par cette raison, le bois écorcé y est plus avantageux que celui non écorcé. Toutefois, comme je l'ai déjà dit, il est utile de dépouiller de son écorce le gros bois de pins qu'on emploie au chauffage dans les cheminées , parce que cette écorce est sujette à pétiller; mais cette opération se fait naturellement ou industriellement, partie lors du débitage du bois, et partie au moment où on l'emploie.

Sur l'extraction de la résine, ses effets sur la qualité du bois, et ses effets sur le grossissement des sujets.

Dans le Maine, on ne tire aucun parti des pins sous ce rapport; cependant l'une et l'autre des deux espèces qui y sont cultivées sont susceptibles de donner de la résine, comme l'atteste M. Bosc, page 157 du tome XI.

Je suis dépourvu d'expériences, d'observations et de connaissances personnelles sur les avantages que l'extraction de la résine peut procurer, sous les différens rapports de la valeur de cette matière et de ses bons effets, tant sur la qualité du bois que sur la végétation des sujets soumis à cette extraction; mais j'ai appris au mois de mai 1819, de M. Durand, habitant du Périgord et parent de M. Poussou d'Hollande, qui cultivait l'espèce ou variété si précieuse du pin sylvestre, dit de Riga, que, dans ce pays du Périgord, où les pins maritimes soumis à l'extraction de la résine reçoivent le surnom de *gemmé*, on avait acquis, par l'expérience, la connaissance qu'outre la valeur de la résine, le bois des sujets dits gemmés était meilleur que le bois des arbres dont on n'avait pas extrait de résine; que cela avait lieu, non-seulement lorsque les pins étaient soumis une seule fois à l'extraction de la résine, mais même lorsqu'ils y étaient soumis une suite d'années. Peut-être ce bon effet dans la qualité du bois résulte-t-il de ce que l'extraction de la résine équivaut à l'évaporation d'humidité que les bois en général, et les pins plus particulièrement, doivent subir pour acquérir les qualités dont ils sont susceptibles.

Au surplus, ce bon effet d'extraction de résine sur la qualité des bois de pins, est concordant avec les expériences de M. Malus, faites sur les pins, les sapins et les mélèses dont on extrait de la résine. Selon ces expériences, qui sont citées par M. Bosc, pages 82 et 83 du tome X, et page 158 du tome XI, le bois des arbres de ces essences, dont on a extrait de la résine, est aussi dur, aussi fort, et il est plus léger que le bois des sujets qui n'ont point été soumis à cette opération.

Mais il est bon de prendre en considération l'effet que l'extraction de la résine peut produire sur la végétation *ultérieure* des arbres, tant sous le rapport de leur grossissement que sous celui de leur élévation. Sous ce point de vue, je manque de renseignemens. Je vois seulement, dans le Dictionnaire de l'abbé Rozier de chez

Buisson, page 381 du tome V, que les jeunes pins donnent de la résine comme les vieux, mais que cette effusion les avorte, et qu'ils vivent moins long-temps.

Age où les pins donnent des graines fertiles.

Il faut sur ce point distinguer entre les deux espèces sylvestre et maritime. C'est l'effet nécessaire de ce que l'une a plus et de ce que l'autre à moins de longévité.

Pour l'espèce maritime, j'ai vu, en 1813, les semis de dix à douze ans d'âge, de la forêt de Fontainebleau, garnis d'une grande quantité de pommes. Dans le Maine, on répute que les sujets de cette espèce *commencent* à donner des graines fertiles à huit ans de leur semis. Dans le mien du printemps 1811, j'en ai obtenu dès sept ans; mais il faut observer que, vers sept à huit ans, la quantité des cônes est très-petite sur les sujets, et qu'elle ne devient abondante que les années suivantes (1).

Pour l'espèce sylvestre, M. de Burgsdorf,

----

(1) J'ai vérifié ce que mes pommes de pins maritimes de sept et huit ans de semis renfermaient de graines. J'en ai trouvé communément quatre-vingts et plus, cent, et même quelquefois cent quarante-cinq dans chacune.

page 395 du tome Ier., rapporte qu'on trouve des sujets isolés qui portent des semences dès l'âge de douze à quinze ans. Dans le pays du Maine, c'est à ce même âge, de douze à quinze ans, que les semis de pins sylvestres d'Écosse *commencent* à fournir des graines. En Périgord, les pins sylvestres de Riga ont donné à M. Poussou d'Hollande des graines fertiles dès l'âge de huit ans, ce qui est remarquable, et indicatif d'une grande hâtiveté dans la croissance de cette espèce réputée particulièrement précieuse. En Bourgogne et en Champagne, où ce n'est point par la voie du semis, mais par celle de la transplantation, qu'on a cultivé les pins sylvestres, ce n'est qu'à vingt et même vingt-cinq ans de transplantation que les sujets commencent à donner des graines fertiles, au témoignage de M. de Buffon, page 290 ; de M. Chevalier, page 132, et de M. Allaire.

Epoque de la récolte des pommes de Pins (1).

J'observerai d'abord que M. de Burgsdorf,

____

(1) Je n'entends parler ici que des deux seules espèces sylvestre et maritime ; car pour le pin Weymouth, par exemple, c'est dès le mois d'août qu'elle mûrit ; si on tarde à en cueillir les pommes, la graine s'en envole dès cette époque.

pages 397 et 398 du tome Ier., après avoir fait
remarquer, en parlant du pin sylvestre, que
les chaleurs du printemps font ouvrir les écailles des pommes et répandre leurs semences
petit à petit, n'importe de quel côté souffle le
vent, enseigne qu'à cette époque de la chute
naturelle des graines, on trouve ordinairement
des cônes de trois âges sur les mêmes branches; savoir, les plus anciens qui ont trois ans
et qui ont répandu leurs semences au printemps précédent; ils sont d'une couleur grise,
ils se détachent et tombent de l'arbre lorsque
la végétation commence; en second lieu, les
modernes qui ont deux ans, qui sont d'une couleur brune-cannelle, et qui s'ouvrent à cette
époque du printemps ; enfin les troisièmes qui
ont fleuri au printemps de l'année précédente;
ils ont par conséquent un an ; leur couleur est
alors verte, et leur grosseur moindre de celle
des autres ; ils mûrissent l'automne suivant;
en sorte, dit M. de Burgsdorf, que les pommes
de pins emploient dix-huit mois à fleurir, à
se former et à avoir des graines fertiles, c'est-
à-dire du printemps à l'automne de l'année
suivante.

Dans la culture que je fais des pins de l'espèce maritime depuis assez long-temps pour

avoir étudié sur mes propres sujets la formation des cônes et des graines, j'ai trouvé qu'il
en était à-peu-près de même pour cette espèce,
que ce que je viens de rapporter sur le pin
sylvestre.

Du reste, M. de Burgsdorf, aux pages 396 et
397 du volume précité, indique la fin d'octobre
comme l'époque convenable pour récolter les
pommes de pin sylvestre. Il blâme l'opinion
de ceux qui veulent que les pommes restent
l'hiver sur l'arbre, ou qu'on attende au moins
la mi-décembre pour les cueillir.

Selon M. Hartig, page 74 de son Instruction,
c'est vers la fin d'octobre et dans le mois de
novembre que cette maturité a lieu : il indique l'intervalle de novembre au printemps
comme l'époque de la récolte des graines de
cette même espèce de pin.

Dans le Maine, on fait une légère distinction
sur l'époque de la récolte des graines de pins,
entre l'espèce sylvestre et l'espèce maritime ;
on fait la cueillette des pommes sylvestres du
mois de janvier au mois de février, et celle des
pommes maritimes de février à mars.

A cette occasion j'observerai ici que, dans ce
pays du Maine, on attend le courant de l'été
d'après la cueillette des cônes de pommes de

pins, pour en extraire la graine à l'aide de la
chaleur du soleil, aussi les habitans des lieux
où se trouvent les pinières ne commencent-ils
à offrir leurs graines de pins qu'après la Tous-
saint, et elles ne sont livrées au commerce que
dans l'hiver. En raison de cela, la graine la
plus nouvelle, ou plutôt la moins ancienne,
qu'on emploie à l'époque du printemps où on
sème, n'est pas de la graine dont la maturité
s'est complétée à l'automne précédent ; mais
c'est de la graine qui a déjà un an ou plutôt
dix-huit mois de maturité acquise. Ainsi dans
le Maine on n'emploie, et le commerce de ce
pays-là ne livre que de la vieille graine ; je veux
dire de la graine qui a un an au-delà de ce
qu'elle devrait avoir pour être accompagnée de
tous les avantages des graines fraîches dont
les semis sont plus assurés, dont la germination est plus prompte et dont les sujets sont
plus vigoureux. J'ai su, à cet égard, qu'il n'est
pas rare qu'en vendant leurs graines, certains
marchands en mêlent de plus vieilles encore,
c'est-à-dire, de celles qui ont deux, trois ans et
davantage de récolte, parce qu'il leur en est
resté ou qu'ils s'en sont procuré à meilleur
compte, pour les livrer au commerce comme

de la graine d'un an, qui est la plus fraîche ou la plus récente qu'on vend.

Manière de récolter les pommes de Pins et d'en extraire la graine.

Au pays du Maine, on emploie plusieurs manières pour faire la cueillette de ces pommes ou cônes. Il y a des personnes qui les hochent avec une gaule comme on le pratique en Normandie pour récolter les pommes et les poires à cidre. D'autres fois on se sert d'un crochet adapté à la gaule, et on monte dans les arbres; d'autres personnes plus soigneuses font faire cette cueillette à la main; mais si ce sont des jeunes sujets, on m'a observé qu'il fallait apporter dans la cueille beaucoup de soins et d'attentions pour ne point affaiblir, trouer ou autrement endommager les branches, sur-tout celle qui fait flèche; il ne faut, à l'égard de ces jeunes sujets, employer que le moyen des mains, et il est souvent sage de laisser les pommes adhérentes à la flèche.

Selon M. Hartig, qui ne parle que du pin sylvestre, il faut, pour l'extraction des graines, étendre les pommes dans une chambre chaude ou au soleil, sur des claies ou sur des planches arrangées à cet effet; et lorsque la chaleur et quelques arrosemens modérés en ont fait ouvrir les écailles, on en sépare la semence en agitant les claies et en remuant les pommes elles-mêmes. Après cela, dit-il, pag. 74 de son Instruction, on peut, si c'est nécessaire, séparer la graine de la membrane qui y est attachée, en la frottant dans les mains, et la nettoyant ensuite.

Aux pages 76 à 79 du même ouvrage, M. Hartig indique encore d'autres manières de faire cette extraction, comme de former un échafaudage semblable aux montans et traverses d'une bibliothèque, pour y placer des claies sur lesquelles on pose les pommes de pins ; comme de remplir à moitié des sacs de toile avec les pommes, de les placer sur l'extérieur d'un four échauffé depuis long-temps, de les remuer plusieurs fois par jour, etc.; mais il ajoute qu'on doit se garder de mettre des cônes d'aucune espèce d'arbres résineux dans un four chaud, ou de les exposer à une trop grande chaleur, parce qu'on risquerait la perte de la totalité ou au moins d'une partie des graines.

Avant les événemens de 1814, il y avait à Kaiserlautern, département du Mont-Tonnerre, un grand établissement qu'on appelait sécherie, où M. Reltig, garde général des forêts et entrepreneur de cette sécherie, faisait récolter une grande quantité de pommes de pin sylvestre, et en faisait extraire la graine dont il faisait le commerce. J'avais projeté d'aller visiter cet établissement pour me familiariser avec les meilleurs procédés à employer pour la récolte des pommes, et pour la meilleure méthode d'en extraire les graines; mais j'ai été obligé de renoncer à ce projet depuis que M. Baudrillart m'a appris que cet établissement avait été dissous, et qu'il n'en avait pas été formé d'autre. M. Reltig avait bien voulu me promettre, en septembre 1813, de ses graines pour le printemps de l'année suivante; mais les événemens survenus à cette époque m'ont privé de la réalisation de cette promesse.

Dans le Maine on emploie plusieurs moyens pour extraire la graine; c'est toujours à l'aide de la chaleur qu'on l'obtient; celle artificielle qu'on obtient par le four y est décriée, parce qu'elle a le grave inconvénient de dessécher plus ou moins, et par conséquent de faire souvent périr le germe des graines. Il arrive qu'on étale les pommes de pins sur des toiles placées au soleil, alors les pommes ouvrent leurs écailles et lancent leurs graines; d'autres fois on forme une aire en plein champ, c'est-à-dire qu'on approprie bien le sol et qu'on le bat pour l'af-

fermir et l'unir; après on y place les pommes
de pins, d'où la chaleur du soleil fait sortir les
graines, parce qu'on a soin de former l'aire à
une exposition avantageuse pour obtenir cette
chaleur à un haut degré. On achève l'extraction
des graines, soit en battant les pommes l'une
contre l'autre à la main, soit en les secouant
dans des paniers à claire-voie.

On m'a observé, dans ce pays du Maine, que
les pommes de pins ouvertes par la chaleur, soit
naturelle soit artificielle, se referment par l'effet
de l'humidité, de sorte qu'alors il faut à ces
pommes une nouvelle chaleur pour se rouvrir.
Cependant, parmi les procédés indiqués par
M. Hartig, il y en a un où il fait alterner la
chaleur et l'humidité par un arrosement léger.

Les graines extraites des pommes conservent
souvent leurs membranes ou leurs ailes, qui y
restent adhérentes. Il n'y aurait aucun inconvénient à les semer en cet état, et c'est ainsi,
à ce que m'a appris M. Baudrillart, qu'on avait
employé la graine de pin d'Allemagne, semée
dans les forêts de Rouvray et de Roumare, et
tirée de l'établissement de Kaiserlautern; seulement cette circonstance de membrane adhé-
rente aux graines, peut rendre celles-ci plus
facilement le jouet du vent, s'il en faisait un fort

lors de leur semis; mais dans le Maine, on est dans l'usage de ne les livrer au commerce que séparées de leurs ailes. Le moyen qu'on y emploie pour opérer cette séparation, consiste à placer les graines dans une cuve, et de les y remuer avec une pelle ou une bêche, en soulevant ces graines par le moyen de cet instrument, dont on se sert alors comme d'un levier. Un autre moyen, qu'on m'a dit être préférable, consiste à placer la graine en tas sur une aire à battre le blé, et là de battre la graine avec le fléau, en ayant soin de la tenir amoncelée.

Enfin, pour nettoyer la graine de la terre qui s'y trouve mélangée, par l'effet des procédés employés pour son extraction des pommes, et aussi pour la nettoyer de tous autres corps étrangers, on la vanne, et au besoin on la crible comme on fait pour le blé.

Je terminerai ce que j'avais à dire sur les moyens d'extraction de la graine des pins, par rapporter littéralement ce que M. de Musset de Cogners a eu la bonté de m'écrire à cet égard.

« La récolte des pommes de pins devra être
» déposée dans une partie de cour ou de jardin
» où les volailles n'aient pas d'accès. On expo-
» sera ces pommes à l'ardeur du soleil sur des
» ais de planches bien jointes, ou mieux en-

» -core sur de la toile. Elles s'ouvriront d'elles-
» mêmes, particulièrement depuis midi jusqu'à
» trois ou quatre heures du soir, et en s'ou-
» vrant elles feront un petit bruit. Ce sera le
» moment de les remuer avec un râteau, afin
» que la graine se détache plus facilement et
» tombe sur les planches ou sur la toile. On ra-
» massera chaque jour la portion de graines
» qui se sera détachée des pommes, et on la
» tiendra bien sèchement. On achevera la ré-
» colte en prenant les pommes ouvertes une
» à une, et les secouant sur les planches ou sur
» la toile.

» Si la saison devenait pluvieuse, il faudrait
» rentrer les pommes ou cônes de pins dans
» une serre ou sous un hangar, et ne les en
» retirer pour les exposer à l'air que quand le
» temps est serein et que le soleil luit. Il faut
» d'ailleurs rentrer ainsi ses pommes chaque
» jour, à l'entrée de la nuit.

» Nos Manceaux n'y font pas tous autant de
» façon. Ils choisissent à l'air et loin de leurs
» poules, un endroit bien uni et où il n'y ait
» point d'herbe ; ils y placent leurs pommes de
» pins, et les remuent au vif du soleil avec des
» râteaux. Ils prennent ensuite et secouent, en
» les frappant contre un bois, toutes les pommes

» qui leur semblent bien ouvertes. Après en
» avoir ainsi fait tomber la graine, ils mettent
» à part ces pommes vides, et s'en servent
» avec avantage lorsqu'ils allument leur feu.
» La graine qu'ils ramassent à terre est vannée
» pour la rendre plus nette, puis ils la renfer-
» ment dans des barriques placées debout sur
» un des fonds ; ils la couvrent avec les douilles
» de l'autre fond, et chargent ces douilles de
» pierres, afin de défendre leurs graines des at-
» taques des rats et des souris. »

Commerce des graines de Pins, leur prix, etc.

Il est facile d'avoir, au Mans, d'assez grandes
quantités de graines de pins des deux espèces
sylvestre et maritime, mais moins facilement
pour celle-là. J'observe, et je rappelle à ce sujet
qu'au Mans, comme dans tout le Maine, on
nomme universellement, quoique impropre-
ment, sapin, le pin maritime ou de Bordeaux,
et qu'on y réserve exclusivement la dénomination de pin à l'espèce sylvestre dite d'Écosse ;
en sorte que, pour se faire entendre, il faut,
lorsqu'on veut avoir de la graine de pin maritime, demander de la graine de sapin.

Le moment le plus opportun pour s'en procurer, est le mois de novembre, époque à la-

quelle les habitans des campagnes qui se livrent
à ce commerce, viennent l'offrir à la ville. Plus
tard il pourrait être moins facile de s'en procurer. D'ailleurs il arrive alors, comme on me l'a
observé, que le prix peut en être plus élevé.

Mais, quelle que soit l'époque de l'achat, du
moment que c'est à l'automne, la graine la plus
fraîche qu'on puisse obtenir au Mans a déjà un
an de maturité, et, quoique cela doive être un
inconvénient, il faut s'estimer heureux lorsqu'on n'éprouve que celui-là, puisqu'il peut arriver que la graine qu'on achète soit plus vieille
en tout ou en partie, et, qui pis est, qu'elle ait
perdu sa vertu germinative parce qu'on l'aurait extraite des pommes à l'aide de la chaleur
du four.

Quant aux prix, il y a à distinguer entre l'espèce sylvestre et celle maritime.

C'est, m'a-t-on dit dans le Maine, beaucoup
que de pouvoir y obtenir la graine de pin sylvestre d'Ecosse au prix de 3 francs la livre ancienne de 16 onces, ou le demi-kilogramme. Il
m'est personnellement arrivé d'en avoir à 3 fr.
25 c., mais je l'ai aussi payée 4 fr. et même 5 fr.
En Flandre, ce prix est seulement de 3 fr. et 3
fr. 50 centimes. J'ai payé 4 fr. le peu que j'ai tiré
d'Alsace, et 5 à 6 fr. celle que j'ai obtenue de

Genève. Mais j'ai appris de M. Baudrillart que l'administration forestière avait, dans les derniers temps de l'activité de la sécherie de Kaiserlautern, fait un marché avec l'entrepreneur pour l'avoir au prix de 3o sous le demi-kilogramme, à la vérité sans que la graine fût dégagée de ses ailes.

Ces prix sont bien différens pour le pin maritime, puisqu'ils ne sont que de quelques sous la livre ou le demi-kilogramme. En 1815, je n'ai payé que le prix de 4 sous ; mais en 1811, 1812, 1813, 1814, 1816 et depuis, ç'a été 5, 6 et même 7 sous. La cause de ces variations, m'a-t-on dit, résulte de ce que l'année a été ou non abondante, ou selon que la graine est plus ou moins recherchée.

Mais il y a à considérer, comme je l'ai observé au chapitre V, qu'il faut beaucoup moins de graines de pin sylvestre que de maritime pour ensemencer une même étendue de terrain. Toutefois si, comme j'incline à le penser, on doit employer en sylvestre la cinquième partie de ce qu'on emploie en maritime, il en faut conclure que la graine de pin sylvestre est plus chère que celle maritime, puisque 5 livres pesant de celle – ci ne doivent guère coûter que 3o sous, tandis qu'il faut débourser 3 francs et

davantage pour se procurer une livre de pin sylvestre.

Maladies particulières aux Pins.

Dans le Maine, les pins sont sujets à une maladie dite du champignon, du nom des protubérances qui croissent sur les tiges des arbres,
à toutes sortes de hauteurs, et qui ressemblent
à des champignons. L'effet de cette maladie est
descendant, je veux dire que le bois qui se
trouve au-dessous de ces protubérances est le
seul qui soit gâté; car celui au-dessus reste sain.
Cette maladie attaque les arbres lorsqu'ils sont
déjà propres à la charpente et à la menuiserie ;
mais elle est plus rare dans l'espèce sylvestre
qu'elle ne l'est dans l'espèce maritime.

D'un autre côté, il y a des vers ou chenilles
qui attaquent particulièrement les pins, et qui
causent quelquefois de grands dégâts dans les
bois et forêts de cette essence. On ne s'en res-
sent pas, à ma connaissance, dans le pays du
Maine; mais M. Datty, page 93, cite ces dégâts
comme ayant lieu dans la Provence. M. de
Burgsdorf, pages 403 et 404 du tome Ier.;
M. Hartig, pages 37 et 38; M. Lintz, pages 49 à
54, et l'article *Teigne des pins* du Dictionnaire
de l'abbé Rozier, de chez Deterville, pages 69

et 70 du tome XIII, donnent, sur les ravages de ces insectes, des détails qu'il peut être utile de consulter. Toutefois M. Baudrillart, traducteur, comme on sait, de M. de Burgsdorf et de M. Hartig, m'a appris que ces ravages ne s'exercent que sur l'espèce sylvestre, sans s'étendre à l'espèce maritime. A sa connaissance, ils n'avaient autrefois lieu qu'en Allemagne; mais, depuis quelques années, ils gagnaient les forêts des contrées du Rhin et de la Belgique.

Choses diverses, également particulières aux Pins.

On m'a observé dans le Maine que, lors du débitage des bois de pins en planches, et l'arrangement de celles-ci en pavillons, il était plus positivement nécessaire d'isoler les lits de planches par un petit morceau de bois faisant séparation, parce que, sans cette précaution, elles seraient sujettes à moisir.

On m'a aussi observé que si ces planches restaient exposées au soleil, elles se déjetteraient beaucoup.

On m'a encore observé que ces planches devaient être employées au plus tard dix ou douze ans après avoir été débitées.

On m'a dit, à l'égard du pin sylvestre d'Ecosse, dont le bois est réputé dans le Maine être particulièrement propre à faire des corps de pompes et des tuyaux, qu'il fallait l'abattre, l'œuvrer, le percer et même le placer simultanément, parce qu'autrement il n'aurait pas de durée.

Le bois de pin, m'a-t-on encore dit dans le Maine, prend une couleur bleue lorsqu'il a été long-temps à être débité. Cette couleur résulte aussi de la circonstance de la chaleur lorsqu'elle est précédée d'un brouillard, tandis que l'effet de celui-ci est insensible dans l'hiver.

Lorsque le bois de pin devient rouge, c'est, m'a-t-on observé, le signe qu'il commence à se gâter.

Le bois du pin sylvestre d'Ecosse est d'une couleur tirant sur le blanc ; mais celui du pin maritime est plus foncé et coloré vers le rouge ; le sol, le climat et beaucoup d'autres circonstances influent sur ces couleurs et produisent beaucoup de nuances, de veines et autres choses.

CHAPITRE XIII,

*Où j'examine quels sont les différens emplois
dont le bois des Pins est susceptible.*

Ces emplois sont tout-à-la-fois nombreux et importans; ils offrent par conséquent la preuve de l'utilité de la culture de cette essence d'arbres, qui devient précieuse lorsqu'on considère la grande hâtiveté de sa végétation, la quantité extraordinaire de matière qu'elle produit, et sa prospérité dans des terrains impropres à toute autre production.

Je vais parler successivement de ces différens emplois, et les distinguer les uns des autres.

Charpente de haut service.

M. de Burgsdorf, qui ne parle toujours que du pin sylvestre, le seul dont il y ait des forêts dans le Nord de l'Europe, dit, aux pages 402 et 403 du tome Ier., qu'à tout son accroissement le bois de pin est propre à faire des mâts, des pièces pour la construction des vaisseaux, des madriers, des poutres, des solives, des planches et des lattes.

M. Juge de Saint-Martin, sans distinguer les espèces, dit, à la page 257, que le bois de pin est propre à la charpente, à faire des mâts de navires, aux bordages et aux ponts de vaisseaux, à faire des corps de pompes, des tuyaux pour les eaux, comme à faire des planches, etc.

M. de Perthuis père, pages 137 et 138, cite le pin comme fournissant des bois œuvrés pour les constructions navales en même temps que pour la navigation intérieure, et des charpentes pour les grandes constructions civiles comme pour les constructions ordinaires et communes.

M. de Perthuis fils exprime la même opinion à l'article *Exploitation des bois*, page 351 du tome IV.

M. Bosc, en parlant du pin sylvestre, atteste page 83 du tome X, qu'il est excellent pour la charpente. L'air et l'eau, ajoute-t-il, agissent fort lentement sur lui, de sorte qu'après le cyprès et le mélèse, c'est le meilleur de tous les bois indigènes pour la conduite des eaux, pour les corps de pompes, les étais des mines, etc.

Dans le Maine, il est constamment employé à la charpente, et même à faire des mâts, non de grands vaisseaux, mais de ceux du port de

2 à 300 tonneaux. A cet égard on y distingue les deux espèces : celle sylvestre donne des mâts plus pesans et plus cassans ; ceux en maritime sont plus légers et plians.

Charpente secondaire.

Il est évident, d'après ce que je viens de dire, que le bois des deux espèces de pins est propre à cet emploi ; aussi M. de Burgsdorf le dit-il expressément à la page 403 précitée, de même que M. de Turbilly, page 15 ; M. Varenne de Fenille, page 174 de la seconde partie ; M. Chevalier, page 129 à 132.

Effectivement, dans le Maine, l'emploi du bois de pin, notamment de l'espèce maritime, est très-fréquent dans la charpente secondaire, notamment des solives de toutes les dimensions, des chevrons, de la volige, etc.

Menuiserie.

Le bois des deux espèces de pins cultivés dans le Maine y est fréquemment employé pour tous les ouvrages de la menuiserie ; on en fait des boiseries, des parquets, des armoires, des tables, etc. ; pour cela on le débite en planches, contre-lattes, madriers, etc.

Les planches de ces deux espèces y ont une

grande valeur lorsqu'elles ont de grandes dimensions, notamment en longueur. M. Lemarchand Foulongne, du Mans, à qui j'ai tant
d'obligations sous les différens rapports des
renseignemens écrits qu'il a eu la bonté de me
donner, des explications de vive voix qu'il
s'est plu aussi à me donner, des longues et la-
borieuses courses qu'il a bien voulu faire avec
moi dans les pinières des environs du Mans,
et des grandes quantités de bonnes graines des
deux espèces de pins qu'il a eu l'obligeance de
me procurer depuis et compris le printemps
1818 ; M. Lemarchand Foulongue, dis‑je,
m'en a cité de trente-trois pieds de longueur,
qu'il était parvenu à fournir à Rouen, qui,
avant la paix de 1814, formait avec Angers ,
Nantes, Tours et Orléans, un grand débouché
pour les bois de pins du Maine.

Aussi M. de Perthuis fils, page 552 du tome 5,
cite-t-il le bois de pin comme un de ceux
dont on fait des boiseries, meubles, etc.

M. Varenne Fenille, pages 145 et 174 de la
2me. partie, et M. Bosc, page 83 du tome X,
disent bien que le bois de pin ne s'emploie
guère en menuiserie, à cause de l'odeur forte
et pénétrante qu'il conserve long-temps ; mais
j'observe deux choses : la première, que cette

odeur ne se conserve pas long-temps dans le Maine, où cependant il est arrivé fréquemment qu'on ne l'abattait pas hors séve et en croissant, et où on ne le débitait pas assez rapidement après son exploitation ; la deuxième, que cette odeur s'évapore promptement et disparaît totalement lorsqu'on a exploité et débité les pins en temps opportun et avec promptitude.

Chauffage.

M. Hartig, qui a fait des expériences si multipliées sur la combustibilité des bois, range les pins au premier rang sous ce rapport, puisque, dans son tableau composé de vingt et une essences de bois arrivé à toute sa maturité, il classe celui de pin sous le n°. 2, et que dans le tableau de vingt essences de bois de moyen âge, il le place sous le n°. 3.

Aussi l'usage des bûches de pin au feu, est-il commun dans la ville du Mans et dans tout le département. Pour cela on dépouille les bûches de leur écorce lorsqu'elles l'ont conservée, parce qu'on a reconnu que celle-ci était sujette à pétiller. On ne se plaint guère de l'odeur de résine dans l'espèce maritime, et encore moins dans l'espèce sylvestre; on n'aurait même aucun sujet de s'en apercevoir dans l'une ni 'dans l'autre espèce, si on avait toujours soin de n'abattre le bois dont on fait usage pour le chauffage, qu'en hiver rigoureux et dans le croissant de la lune ; si on avait en outre l'attention de le débiter promptement, et de l'attendre deux ans, parce qu'après ce laps de temps, et au moyen de ces autres circonstances, il a évaporé toute son humidité résineuse.

Outre l'usage des bûches, il y a au pays du Maine celui de la hanoche ou cotret ; ce dernier est très-fréquent et alimenté par le bois provenu de branches des grands arbres, ainsi que de celui provenu des éclaircissemens des pinières.

Enfin on emploie les bourrées et les fagots de bois des pins, notamment au feu clos, c'est-à-dire à chauffer les fours des boulangers, des potiers, briquetiers et autres chaufourniers. Cet emploi est particulièrement si avantageux, que M. Menjot d'Elbenne a expérimenté, comme je l'ai rappelé au n°. 6 du chapitre 7, que cinq bourrées de pins équivalaient à huit en chêne.

J'observerai à ce sujet, que je tiens de M. Lemarchand Foulongne, que les bourrées et fagots de pin maritime sont plus avantageux que ceux et celles de pin sylvestre, au lieu qu'en gros bois l'avantage est en faveur du pin sylvestre.

Parmi les auteurs qui, comme M. Hartig, ont parlé de l'emploi des bois de pin au chauffage, je citerai M. de Burgsdorf, page 403 du tome premier;

M. de Saint-Martin, page 257 ;

M. Bosc, page 83 du tome X;

Et M. de Perthuis père, page 136, ainsi que M. de Perthuis fils, article *Exploitation*, page 351 du tome V ; mais ils diffèrent de M. Hartig en ce que, sous ce rapport, ils placent le pin dans les derniers rangs.

Charbon.

M. de Burgsdorf, page 403 du tome Ier., exprime l'opinion que le bois de pin est propre à faire du charbon.

M. de Perthuis père, page 135, énonce la même opinion, mais en le mettant au dernier rang des bois dont on fait le meilleur charbon.

M. de Perthuis fils, article *Exploitation*, page 351 du tome V, classe le bois de pin sous le n°. 11 des seize essences de bois qu'il dit être propres à faire du charbon.

M. de Saint-Martin, page 257, dit que le charbon de bois de pin est recherché dans les mines. M. Bosc, page 83 du tome X, assure qu'il l'est à la forge ; et le Nouveau Dictionnaire de l'abbé Rozier, de chez Buisson, page 378 du tome V, assure de son côté que le bois de pin réduit en charbon est fort recherché dans les fonderies.

Au pays du Maine on m'a dit que les souches, culées et racines des pins, étaient plus particulièrement propres à faire du charbon ; que celui des autres parties, quoique inférieur, équivalait aux quatre cinquièmes du charbon de bois de chêne. Il est excellent et recherché, m'a-t-on ajouté, dans les fonderies. Celui fait avec du pin maritime est même plus avantageux que celui de chêne dans les forges, pour toutes les choses autres que le coulage des fers. Aussi, pour travailler les outils, et toutes les fois qu'il faut un feu doux, le charbon de pin est à préférer, de manière qu'il est recherché par les serruriers et les taillandiers, mais non par les maréchaux, pour qui le charbon de bois de chêne est meilleur. Il m'a été, au surplus, observé que le charbon de bois de pin devait être enlevé aussitôt qu'il était fait, transporté doucement, garanti d'être mouillé et tenu à couvert ; que s'il était transporté avec rudesse, il se réduirait en poussière.

Cuviers et objets de Vassellerie.

M. de Perthuis père, page 145, et M. de Perthuis fils, page 353 du tome V, citent le pin parmi les essences de bois dont on fait les douves et les fonds des cuviers à lessive et des baquets.

M. de Perthuis fils, à la page précitée, met également les pins au nombre des bois dont on fait des seaux et autres objets de vassellerie.

Dans le Maine, on emploie le bois de pin à tous ces objets et à faire des baignoires ; mais, sous ce rapport, on préfère l'espèce maritime, parce qu'on a remarqué que le bois de pin sylvestre, quoique plus dur et d'un grain plus fin que le maritime, laissait néanmoins filtrer les liquides.

Pompes et Conduits.

M. Bosc, que j'ai déjà cité sous ce rapport, en parlant de la charpente de haut-service, dit, à l'article *Bois*, page 375 du tome II, que le pin et l'aune sont de bons bois pour forer des corps de pompes, parce qu'ils ne pourrissent que fort lentement dans la terre.

MM. de Perthuis père et fils, aux endroits derniers précités, citent également et exclusivement le pin et l'aune comme les bois propres à faire des corps de pompes et conduites d'eau.

Dans le Maine, on emploie aussi à cet usage le bois de pin ; mais c'est préférablement celui de l'espèce sylvestre.

Merrains à tonneaux, Lattes, Echalas, Bardeaux, etc.

M. Bosc, à la page 374 du tome X, cite le bois de pin comme propre à ces quatre usages.

M. de Perthuis fils, page 352 du tome V, cite le pin comme propre à faire des échalas tant de brin que de fente.

M. de St.-Martin, pages 56 et 257, atteste également cet usage, et de plus l'emploi du bois de pin en instrumens de musique.

Je n'insisterai pas sur l'emploi en bardeaux pour couvrir les maisons ; dans le Maine, où on en faisait usage sous ce rapport, on y a reconnu comme ailleurs les dangers que cette destination offrait pour les incendies.

Je ne parle pas de la résine qu'on extrait des pins, comme je l'ai déjà observé au chapitre précédent, et dont on fait ensuite du goudron et même de la térébenthine, comme l'attestent M. Bosc, page 82 du tome X ; M. de St.-Martin, page 56 ; M. de Burgsdorf, page 403, etc., parce

que je ne m'occupe ici que de l'emploi dont le
bois des pins est susceptible; mais je ferai, à
cette occasion, remarquer que c'est un des produits de cette essence de bois, et qu'au rapport de M. de Burgsdorf, c'est un objet de grande
importance en Allemagne.

CHAPITRE XIV,

Où je compare les bois de Pins avec les bois feuillus, sous le rapport de la production et de la quantité de matière qu'on obtient de l'une et de l'autre espèces, sur une étendue commune de terrain.

Ce point a de l'importance si, comme je l'ai annoncé au chapitre VII, la différence en faveur des pins est si considérable, qu'elle puisse être comme 20, 30 et même 40 sont à 1 (1).

---

(1) Je n'ai parlé, en ce chapitre VII, sous le n°. 8, que de 11 à 1, parce que je n'avais alors à parler des arbres que sous l'unique point de vue de l'espacement des sujets entre eux, ou de la quantité d'arbres qu'on peut avoir dans une étendue superficielle de terrain ; mais ici j'ai en outre à considérer que, dans une période, par exemple, de deux cents ans, on doit avoir deux , trois , et même quatre productions en pins contre une seule en bois feuillus ; par conséquent, en rendant cette période commune aux bois résineux et aux bois feuillus, il faut doubler, tripler et même quadrupler ce nombre de 11 à 1.

Car, si cela était, ce ne serait plus la disette de bois qu'il faudrait craindre ; ce serait, au contraire, l'abondance dont il faudrait savoir se défendre.

Voici ce que je dirai à cet égard :

M. Duhamel observe, page 350, qu'en créant des bois de toutes sortes d'essences, il a eu occasion de remarquer que la croissance des pins était plus hâtive que les meilleures essences de bois feuillus.

M. de Buffon observe de son côté, page 292, mais sans développer son opinion, qu'un bois de pins peut rapporter autant et peut-être plus qu'un bois ordinaire.

M. de Perthuis père, pages 96 et 97, après avoir donné beaucoup d'éloges au bois de pin, ajoute que, malgré toutes ses qualités et toute son utilité, il ne peut entrer en comparaison avec le chêne, dans toutes les localités où ils peuvent prendre concurremment toute l'étendue de leur développement, en sorte que ce ne doit être que dans celles où le chêne ne peut prospérer, comme les sables mouvans et autres, qu'on doit conseiller la multiplication du pin, si précieux qu'il soit à ses yeux.

M. de Perthuis fils, aux articles *Exploitation* et *Foréts*, pages 354 du tome V, 56 et 57 du tome VI, après avoir dit que les arbres résineux tiennent un rang distingué parmi les différentes essences de nos arbres forestiers, observe qu'à l'exception des mâtures, pour lesquelles les arbres résineux sont d'un usage exclusif, les arbres feuillus, d'essences dures, peuvent les suppléer avec avantage dans les autres usages, et que dans un grand nombre de cas, tels que le charronage et autres, ces derniers ne peuvent pas être remplacés par des arbres résineux; d'où M. de Perthuis conclut, que dans tous les terrains, et sous les températures qui sont favorables à la végétation des arbres feuillus, il est avantageux d'en cultiver les essences préférablement aux arbres résineux.

De mon côté, j'observerai que pour apprécier les avantages du bois des pins, comparativement au bois des essences feuillues, il ne faut pas se borner à envisager la seule qualité et les seuls emplois dont ces bois sont susceptibles; il faut en outre considérer la quantité de matière qu'ils produisent, comparativement l'un à l'autre, dans un espace commun de temps et d'étendue superficielle de terrain, parce que cette quantité de matière doit être prise en grande considération, sous le double rapport du produit brut et du produit net, par conséquent sous le rapport du profit qu'en retire le maître, et sous le rapport de la valeur des travaux, outre qu'il est également important d'avoir un moyen de pourvoir abondamment aux besoins de la consommation.

J'ajouterai que pour cette appréciation de l'utilité des bois de pins, et de la quantité pour laquelle ils entrent ou sont susceptibles d'entrer dans la consommation, ce n'est pas sur le nombre des emplois dont ils sont susceptibles, mais c'est par la quantité de matières qui se consomment par ces emplois, qu'il faut les juger.

Ainsi, M. de Perthuis père, page 147, et M. de Perthuis fils, page 354 du tome V, ont observé que sur vingt-neuf emplois dont les bois forestiers de France sont susceptibles, il n'y en a que treize auxquels les bois résineux soient propres ; mais on se tromperait beaucoup si on concluait de là que les pins ne sont dans le cas de fournir qu'à moins de la moitié des besoins de toutes espèces en bois, parce que les besoins ne s'en règlent pas par leur nombre, mais par l'étendue de chacun d'eux. Par exemple, le besoin résultant de la combustibilité, quoique ne formant qu'un vingt-neuvième des emplois cités par MM. de Perthuis père et fils, entre, au rapport de M. Bosc, page 362 du tome II, pour les sept dixièmes de toute la consommation du bois en France.

En considérant que le bois des pins est propre à toutes les sortes de chauffages, qu'il est propre à faire des mâts ainsi que d'autres parties des constructions navales, qu'il est également propre à la charpente, à la menuiserie, à faire du charbon, etc., il faut conclure, non pas qu'il ne peut pourvoir qu'à moins de la moitié des besoins, comme cela résulterait du nombre des emplois énumérés par MM. de Perthuis ; mais il en faut conclure qu'il est dans le cas de pourvoir aux huit, et même aux neuf dixièmes des besoins de toutes les espèces de la société en bois.

D'un autre côté, il est constant que les dimensions des bois résineux, et particulièrement des pins, sont aussi fortes en grosseur et en hauteur, qu'elles le sont dans les essences dites feuillues.

Il est également constant que les pins parviennent au *maximum* de ces dimensions une, deux, trois et même quatre fois plus tôt que le chêne, avec lequel on peut adopter la comparaison, parce que c'est le bois le plus précieux dans les espèces feuillues ; je veux dire qu'à cinquante ou soixante ans pour le pin mari-

16 *

time, et à quatre-vingts ou cent ans pour le pin sylvestre, il y a autant de matière dans les arbres de ces deux espèces de pins qu'il s'en trouve dans un chêne de cent cinquante, deux cents et deux cent cinquante ans, avec cette différence, en faveur des pins, qu'ils n'ont besoin pour croître et pour prospérer que d'un terrain plus ou moins maigre, au lieu que le chêne, pour être aménagé en futaie, ou même pour l'être en haut taillis de quarante ans, **a** besoin d'un sol plus ou moins fertile ; que là où les pins peuvent prospérer, il serait souvent impossible d'avoir un taillis satisfaisant en essence de chêne aménagé seulement à vingt ans.

Il est encore constant, par les raisons que j'ai rapportées au nº. 8 du chapitre VII, que l'espacement des arbres résineux peut être si rapproché entre eux, que 60 à 80 pieds superficiels de terrain leur suffisent pour végéter avec tous les avantages dont ils sont susceptibles, tandis qu'il en faut 6 à 700 pour un chêne ; en sorte que dans un arpent forestier on peut avoir sept à huit cents pins, au lieu de soixante-dix seulement en chêne, ce qui, sous ce seul rapport, établit une différence de un à dix ou onze.

Et si on considère que, dans une période d'environ deux cents ans, on aura, en pin ma-

ritime, trois et quatre productions ; qu'en pin
sylvestre on en aura deux à trois, lorsqu'on
n'en obtiendra qu'une seule en chêne futaie,
il devient évident que la différence en faveur
des pins n'est pas seulement de un à dix ou
onze, mais qu'elle est beaucoup plus forte ; et
si elle ne doit pas s'étendre à trente et quarante
pour un, parce que les chênes de deux cents
ans pourront avoir une plus grande quantité
de matière, et de matière d'une valeur pécuniaire plus élevée que n'en auront les pins maritimes de cinquante à soixante ans d'âge, il
n'en est pas moins certain que cette différence
en faveur des pins est si considérable, qu'elle
doit attirer l'attention des personnes qui croient
à l'utilité d'une plus grande production de bois,
soit générale, soit seulement dans les localités
qui en sont plus ou moins dépourvues.

Pour l'administrateur, pour l'homme d'état,
il importe d'envisager la production des bois
sous les différens rapports de la quantité de matière, et de l'emploi dont ils sont susceptibles
comparativement aux besoins, non pas seulement de la génération présente, mais aussi des
générations à venir.

Pour lui, il y a à considérer l'augmentation
qui, depuis sur-tout la pratique de la vaccine,

se remarque dans la population, et que d'autres causes peuvent rendre plus forte; par conséquent la nécessité d'une plus grande quantité de matière pour subvenir aux besoins des combustibles, de la charpente, de la menuiserie et des autres emplois du bois; et aussi pour procurer plus de moyens de travaux à la population, ainsi que pour pouvoir livrer des terrains, actuellement en bois, à la culture des céréales, parce que l'augmentation de la population pourra exiger une augmentation dans la quantité des terres qui y sont aujourd'hui consacrées.

M. Noirot (1), aux pages 3, 14, 16, etc., de son Traité de l'Aménagement, et aux pages 1 à 5, 43 et 50 de ses Considérations sur les forêts, attribue la diminution et l'affaiblissement dans la production des bois en matière, à cette circonstance capitale, qu'aujourd'hui la plupart des forêts sont exploitées en taillis, au lieu

(1) Tout ce qu'il dit sur ce point est en harmonie avec ce que M. Varenne-Fenille avait déjà observé, pages 33 et 34 de la Ire. Partie; M. de Saint-Martin, pages 199 à 208; M. Lintz, pages 30 à 34; M. Hartig, pages 136 à 144; M. de Perthuis père, pages 151 à 162, 186 à 188, 205 à 222, 229 à 232; et M. de Perthuis fils, aux articles *Aménagement* et *Exploitation des Bois*.

qu'autrefois elles formaient des bois de haute-futaie.

Mais M. Plinguet, M. Bosc et beaucoup d'autres personnes versées dans la science agricole, nous ont appris, dans ces derniers temps, que ce changement notable dans l'exploitation des bois est commandé par la nature des choses, c'est-à-dire qu'à la longue, les bois, et surtout les bois de même essence, épuisent le sol; que le terrain qui était assez substantiel il y a plusieurs siècles, pour produire de la futaie, est devenu, par l'effet du prolongement de cette production grandement épuisante, trop maigre pour la continuer plus long-temps. Il faut changer cette production, soit en substituant à la futaie de bois feuillu un bois d'essence résineuse, soit en diminuant, par un aménagement plus rapproché, les besoins de la nourriture terrestre des arbres. En cela les terres à bois sont, comme les terres arables, quoiqu'à un terme incomparablement plus éloigné, assujetties à la règle générale des assolemens. La production en bois a une fin, comme tout ce qui existe sur la terre, et le règne végétal a besoin de variété comme le règne animal. Le sapin est peut-être le seul qui, par exception à la règle générale du besoin de cette variété,

comme le remarque Fornaini, soit susceptible
de croître et de prospérer perpétuellement sur
le même sol.

Au surplus, quelle que soit la cause de la diminution et de l'affaiblissement de la production des bois en matière, il me semble que
pour les personnes qui croient à cet affaiblissement et à la disette, ou même seulement à l'insuffisance des bois en France, il me semble,
dis-je, que la création de nouveaux bois et forêts de pins dans les terrains absolument nus
et improductifs, ou le repeuplement en cette
essence dans les clairières des bois et forêts
actuels de bois feuillus, est susceptible de combler le déficit dans la production d'à-présent,
et de prévenir ou de faire cesser la disette, ou
l'insuffisance en cette matière, en ce que les
pins sont moins difficiles à créer et à multi-
plier que ne le sont les essences feuillues ; qu'ils
prospèrent dans des sols maigres, qu'ils sont
dans le cas d'être en bien plus grande quantité
que les bois feuillus dans une même étendue
superficielle de terrain, qu'ils sont d'un accroissement beaucoup plus rapide ; que l'aménagement qui leur est propre, est précisément celui de futaie, et par conséquent de l'état où le
produit en matière est le plus considérable,

outre les produits résultans des éclaircissemens et des élagages. Qu'en résultat, les produits en matière, par conséquent le produit brut, le produit net et les richesses de travaux que procurent les bois, sont, pour les pins comparativement aux bois feuillus, comme 20 et même plus sont à 1.

Aussi, comme j'ai déjà eu occasion de le dire, ce n'est pas le défaut de production de bois qui est à craindre, c'est plutôt le défaut de consommation ; car il ne faut pas perdre de vue cette vérité élémentaire : que pour avoir un motif et un intérêt à produire, il faut qu'il y ait des moyens de consommation ; ceux-ci sont l'âme de la production. Production et consommation sont inséparables; elles doivent marcher ensemble. Il serait inutile de se livrer aux travaux de la production, si on n'avait pas sujet de compter sur les besoins de la consommation.

Il est bien vrai que pour obtenir des produits aussi considérables que ceux dont les bois de pins sont susceptibles pour leur propriétaire et pour la société, il faut donner des soins et appliquer soit son industrie personnelle, soit celle d'autrui, à l'administration de ses bois ; mais il en faut également donner pour obtenir des bois

feuillus tous les avantages dont ils sont susceptibles. Si, jusqu'à présent, on en donne en général si peu, c'est que les avantages n'en sont
ni marquans, ni rapprochés de l'époque où on
s'occupe à les obtenir; au lieu que, pour les
pins, les avantages sont si considérables et si
voisins du point de départ, que l'impatience
dite française peut même s'en accommoder.

Cela me conduit naturellement à faire, en
peu de mots, le parallèle de l'intervalle qu'il y
a de la création à la jouissance, entre les espèces
résineuses et les essences feuillues.

Pour celles-ci il faut environ quarante ans
en taillis, et cent cinquante, deux cents et même
deux cent cinquante ans pour le profit définitif
en futaie.

Mais pour les essences résineuses, le produit
que le maître et la société obtiennent de dix à
vingt-cinq ans, équivaut à plus que celui d'un
taillis de quarante ans de création.

Parmi les auteurs de la science forestière, je
ne connais que M. de Buffon qui se soit expliqué nettement sur ce point. Il résulte de ce
qu'il dit page 262, qu'un bois de chêne, semé
en 1734, n'a donné à vingt-quatre ans de là,
que moins de la moitié du produit d'un ancien
bois; et il ne présentait l'expectative de l'équi-

valent de cet ancien bois qu'à vingt ans plus tard, c'est-à-dire à quarante-quatre ans de sa création.

J'ai étudié cette matière dans le Maine, et j'ai pu commencer à l'étudier sur mes propres semis. Dans le Maine, où les bois feuillus sont aménagés à plus court terme que dans la Bourgogne, j'ai appris, notamment chez M. de Menjot d'Elbenne, créateur de bois comme de culture arabe et d'industrie manufacturière, que les taillis de chêne ne donnaient de produits équivalens à ceux des anciens bois, qu'à trente-cinq ou quarante ans de leur création ou de leur semis. Chez moi, où, en bois feuillus, la seule essence de bouleau m'a réussi sur quelques centaines d'arpens parisiens, j'ai expérimenté que, sous un même volume, la quantité de matière en jeunes bois ne donnait pas le même profit, et n'était pas de la même utilité que semblable quantité de vieux bois. La production des jeunes bois est menue et herbacée; elle n'a ni la force ni la densité des anciens bois, et le consommateur est dans le cas de remarquer une grande différence dans la chaleur et le service qu'il obtient de l'un et de l'autre. Mes semis de bouleau, recepés à dix, onze, douze ans et davantage, ne m'ont donné qu'un produit d'autant plus insignifiant, que j'ai dù les faire exploiter à mon compte pour ménager leurs jeunes souches. La seconde coupe que j'en ferai faire à vingt-quatre ou vingt-cinq ans, n'équivaudra probablement qu'au tiers ou à la moitié du produit d'un ancien bois, et ce ne sera que vers trente-cinq ou quarante ans de mes semis, qui ne remontent qu'à l'automne 1806, qu'ils pourront équivaloir en produits bruts et produits nets, à des anciens bois.

Il n'en est pas de même pour les pins. De dix à quinze ans de semis épais en espèce maritime, on est dans le cas d'avoir à pratiquer deux éclaircissemens, qui sont productifs pour le maître et pour autrui; de quinze à vingt-cinq ans on est aussi dans le cas de faire trois autres éclaircissemens, qui sont d'autant plus avantageux sous ces deux rapports, que le bois s'éloigne du temps de sa création; de trente à cinquante ans, les éclaircissemens participent de l'exploitation, et sont par conséquent encore plus productifs. Enfin, vers cinquante ans, on obtient un produit définitif, d'une valeur à laquelle les bois feuillus ne sont pas susceptibles d'atteindre dans un aussi court espace de temps.

Ainsi, pour les bois feuillus, et pour ne parler que de ceux tenus en taillis, pour ne pas trop

éloigner l'époque de la jouissance, on peut dire,
en prenant pour exemple une étendue d'un hectare, qu'à quarante ans seulement de son semis,
on en aura pu obtenir un produit brut de
1,500 francs; savoir, 500 francs pour les rece-
pages, et 1,000 francs pour la coupe à cet âge
de quarante ans de semis; après quoi il faudra
attendre vingt ans pour obtenir également
100 autres pistoles.

Au lieu qu'en pins maritimes, une même
étendue de terrain est susceptible de produire
brut, comme j'aurai occasion de le développer
dans un moment, 10,000 fr. de dix à cinquante
ans de semis, et 50,000 francs à cette époque de
cinquante ans; après quoi la production peut
se perpétuer durant plusieurs siècles, d'une manière aussi avantageuse.

En sorte que, dans le parallèle à faire entre
les bois feuillus et les bois résineux, sous le
rapport de l'intervalle à parcourir entre le moment de la création et celui de la jouissance,
l'avantage est de beaucoup en faveur des essences résineuses, outre qu'elle l'est encore
plus sous le rapport de la quantité des produits.

D'après ces réflexions préliminaires, je vais
examiner quelle peut être l'étendue de la production en matière sur une étendue détermi-

née de terrain cultivé en pins, comparativement à la quantité de matière qu'on en obtiendrait si la même étendue de terrain était cultivée en bois feuillus.

Il y a plusieurs manières d'envisager les choses ; je veux dire qu'on peut supposer un bois à créer, comme on en peut supposer un tout créé : prendre pour exemple, dans les espèces feuillues, un bois de futaie, ou au contraire un bois aménagé en taillis.

Examinons successivement ces différens cas.

Je parlerai d'abord de celui où l'on crée un bois.

Je supposerai qu'on opère sur une étendue superficielle de 3oo hectares, équivalant à 4oo acres comme à 6oo arpens d'ordonnance, et à 9oo arpens parisiens.

Dans une telle création, qui serait en pins de l'espèce maritime, on aurait, vers cinquante ans de la création, deux sortes de productions, savoir celle des différens éclaircissemens, et celle des sujets définitifs.

Chaque hectare serait susceptible d'avoir douze à quinze cents sujets définitifs. J'en partage le produit brut en deux parties égales, dont une, qui serait le produit net, est pour le propriétaire, et l'autre servirait tout-à-la-fois à pourvoir aux frais d'exploitation et à faire le profit des marchands de bois, de leurs facteurs, des voituriers et des ouvriers de toutes les classes employés à œuvrer le bois et à le livrer aux consommateurs pour tous les usages dont il est susceptible. Cette seconde moitié serait ce que, dans la science de l'économie politique, on appelle la valeur des travaux que l'administrateur ne sépare jamais du produit net.

Si on peut évaluer, pour le propriétaire, la valeur de chaque sujet à 20 fr., il faut dire que le produit brut serait de 40 francs, et que par conséquent douze à quinze cents sujets à ce prix, verseraient dans la société une valeur de plus de 50,000 fr., et que le produit définitif de 300 hectares serait d'une valeur excédant 15 millions. En y joignant le produit des éclaircissemens et élagages qui précéderaient le produit définitif, et en le fixant au cinquième de celui-ci, on aurait 18 à 20 millions de production brute.

En quadruplant ces produits pour arriver au terme de deux cents ans, il en résulte que, dans l'espace de deux siècles, une étendue de 300 hectares est susceptible de donner 70 à 80 millions de produit brut, ce qui, réparti sur chaque hectare, donne, par année, au-delà de

1,200 fr. de produit annuel, dont moitié au propriétaire et moitié pour le commerce et les ouvriers.

Dans la création qui aurait lieu en bois feuillus, et de façon à donner une futaie de chêne, ce qui exige un sol plus ou moins fertile, à la différence du pin qui n'a besoin que d'un sol plus ou moins maigre, ce ne sera qu'au terme de deux siècles ou deux cents ans qu'on aura un produit définitif. Chaque hectare ne pourra comporter, de cent à deux cents ans, que cent quarante à cent cinquante sujets. En les évaluant à 60 francs de produit brut, qui se partageraient par deux tiers et par tiers pour le propriétaire et pour le commerce et les ouvriers, il en résulterait que chaque hectare donnerait, en produit brut, 9,000 francs, et que le produit définitif des 300 hectares serait de 2,700,000 francs; à quoi ajoutant un cinquième pour la valeur des éclaircissemens à pratiquer durant le premier siècle, on aurait en totalité environ 3,300,000 francs.

Ainsi, en pin maritime, la production pourrait être, dans l'espace de deux cents ans, et pour une étendue de 300 hectares, de 70 à 80 millions, tandis qu'en bois feuillu et en chêne elle ne serait que de 3,300,000 francs; ce qui établit, en faveur des pins, une différence de plus de vingt pour un (1), outre cet avantage particulier que les pins utilisent des terrains plus ou moins impropres à toute autre production, et que le chêne, pour pouvoir prospérer en futaie, exige un sol assez riche pour produire des objets alimentaires tant à l'homme qu'aux bestiaux, dont une partie des espèces sert si puissamment à la nourriture des humains.

Maintenant je vais faire la comparaison entre deux bois tout créés.

Sous ce point de vue, l'avantage est le même en faveur de la culture des pins; car celle-ci peut être perpétuelle si on fait l'aménagement à la manière dite en jardinant, et elle peut se renouveler avec la même perpétuité, sans pour ainsi dire d'interruption, si, en exploitant à blanc-étoc, on a le soin de réensemencer, sauf la nécessité de changer l'assolement, chose qui, pour les bois, n'est nécessaire qu'après des

---

(1) Si je n'élève pas plus haut cette différence que j'ai, sous le rapport de la quantité de la matière, présentée comme pouvant être de trente et quarante contre un, c'est que, d'une part, je néglige des parties d'évaluations avantageuses aux pins, et que, d'autre part, je donne aux chênes une valeur en argent de moitié en sus de celle que j'attribue aux pins.

siècles, et sur laquelle les connaissances pratiques ne peuvent guère être appliquées , mais
seulement les connaissances théoriques et con-
jecturales.

Il est douteux qu'il en puisse être de même
pour le bois feuillu aménagé en futaie, parce
que sa nourriture étant plus terrestre qu'aérienne, il épuise davantage le sol, et que par
conséquent il est, d'une part, plus difficile, par
les raisons du principe des assolemens, d'en
perpétuer, aussi long·temps que pour les pins,
la production sur le même terrain , et que,
d'autre part, il faut recourir au procédé du
défrichement et du réensemencement industriel sans avoir la faculté de perpétuer la production par l'effet du réensemencement naturel aidé de quelques soins.

Mais en admettant l'égalité entre l'une et
l'autre des deux espèces de bois, l'avantage,
comme je viens de le dire, et l'avantage de vingt
et plus sur un, en matière encore plus qu'en
argent, reste toujours à l'essence résineuse.

Pour la comparaison avec un bois taillis, il
faut dire que la production reste toujours la
même à l'égard des pins, mais qu'à l'égard du
bois feuillu—taillis il y a quelque différence
d'avec le bois feuillu·futaie.

Celui-ci, je le répète, épuise le sol et n'est pas susceptible de perpétuité sans le secours de l'industrie, au lieu que le bois feuillu-taillis peut être perpétuel à l'aide d'un bon aménagement et d'une bonne conservation, sauf la nécessité de changer séculairement l'assolement, comme je l'ai observé il y a un moment pour les pins.

Le produit brut d'un hectare de bois feuillu d'essences mélangées, mais aménagé à vingt ans, peut être évalué en argent, compris les baliveaux à couper à chaque usance, à 1,000 fr., ce qui, dans une révolution de deux siècles, donnerait un produit de 10,000 francs, et par conséquent un produit très-voisin, quoique peut-être plus élevé que celui de la futaie.

Mais il en résultera toujours que le bois de pin conservera sur le bois feuillu son avantage immense de vingt et plus sur un.

J'ai considéré les choses sur une moyenne échelle; si on veut les considérer sur une moindre, par exemple sur quelques arpens, on pourra trouver mes calculs d'autant plus justes qu'ils seront d'une application ou d'une exécution plus facile, parce qu'il est dans les facultés de l'homme d'exécuter plus facilement un plan ou un système sur une petite échelle, qu'il ne lui est possible de le faire sur une grande.

Mais si on veut appliquer à l'administration des bois le principe de la division du travail, si on veut admettre que cette administration soit confiée à des personnes qui aient le goût, l'aptitude et les connaissances que chaque industrie exige en plus ou moins grande quantité, en y consacrant tous ses moyens intellectuels, au lieu de les disséminer sur plusieurs genres ; alors il m'est évident, d'après les principes de la science économique, qu'on peut appliquer à une grande étendue de terrain les calculs que je viens d'exposer, parce qu'il y aurait alors une organisation et un concours suffisant de personnes.

Pour le propriétaire de quelques centaines d'arpens, il est certain qu'en appliquant son industrie à leur production en bois, parce qu'en raison des besoins de consommation de sa contrée, ou des moyens de débouchés qui s'y trouvent, il serait assuré de ne pas avoir des produits surabondans, il en obtiendrait des profits assez considérables pour qu'en devenant singulièrement utile à la consommation et aux travaux, il se procurât, comme à sa famille et à ses al-

fections, assez d'avantages pour qu'il en résul-
tât des moyens de fortune et de bonheur pour
lui et pour elles.

Je ne conclurai pas de tout cela qu'on doit
s'adonner exclusivement à la culture des essences résineuses , et abandonner celle des bois
feuillus. Il est des emplois où ceux-ci sont indispensables, et où ils ne peuvent pas être remplacés par celles-là ; mais j'en conclurai qu'il y
aurait pour les propriétaires comme pour la société, sous les différens rapports de la production brute, du profit net et des moyens d'occupation, toutes les fois et dans toutes les localités où on n'aurait pas à craindre la surabondance du bois, des avantages déterminans pour
avoir huit ou neuf fois autant de bois résineux
que de bois feuillus, de manière à n'avoir de
ceux-ci que pour les besoins où les emplois de
bois ne peuvent être remplacés par les essences
résineuses, puisque, sous le rapport de la quantité de la matière, l'avantage est si considérable
en faveur de celles-ci.

Il en résulterait pour l'avenir le moyen de
rendre ou de livrer à l'agriculture arable ou aux
productions alimentaires quelques millions
d'arpens de terrains pour subvenir aux besoins
qui avec les années augmenteront , parce que ,

d'une part, la population ira en croissant, et que, d'autre part, l'aisance devenant plus générale, il en résultera tout-à-la-fois plus de besoins et plus de consommation, chose qui, sauf l'excès, ne sera pas à craindre, parce qu'un des principes de la science de l'économie politique, est que la production est susceptible de naître et d'augmenter en proportion des besoins ou de la consommation; qu'en cette partie des nombreuses sciences humaines, on est avancé au-delà de la théorie et des conjectures; qu'on a pour soi l'expérience, puisqu'il existe des localités parmi lesquelles se distingue à un haut degré le fameux établissement de M. Fellemberg, à Hofwyl, près Berne et Soleure, où la pratique dément les assertions de M. Malthus (1), et prouve que la quantité de la production actuelle d'objets alimentaires peut en France, comme dans beaucoup d'autres parties du globe, être augmentée d'une manière pour ainsi dire indéfinie.

----

(1) En son Essai sur le principe de la population, où il prétend que, d'après les lois de la nature, les hommes ne peuvent faire produire à la terre une quantité de subsistances proportionnée aux accroissemens naturels de la population.

CHAPITRE XV et dernier,

ou

CONCLUSION.

La création des bois et forêts de pins, et le re-peuplement ou la restauration des bois et fo-rêts actuels à l'aide de cette essence, présentent de nombreux avantages :

1º. Leur culture est plus facile que celle de toutes les autres espèces de bois, tant rési-neuses que feuillues ;

2º. Elle est moins dispendieuse ;

3º. Elle utilise des terrains impropres à toute autre preduction ;

4º. Elle donne, sur-tout dans l'espèce mari-time, des produits bruts et des produits nets beaucoup plus hâtivement que toutes les autres essences de bois, tellement que le créateur des bois et forêts de pins peut se flatter d'en jouir personnellement dans toute l'étendue de leurs avantages pécuniaires, et qu'il peut rentrer dans les avances que cette création exige, beaucoup plus tôt qu'il ne le pourrait dans toutes les autres essences de bois;

5°. Les pins sont dans le cas de donner des produits en matière, par conséquent des produits bruts, des produits nets, et des valeurs de travaux en bien plus grande quantité que toutes les autres essences de bois, et particulièrement plus que les bois feuillus;

6°. Ils peuvent, plus que toutes les autres espèces, procurer l'abondance en bois, et prévenir soit l'insuffisance, soit même la disette dont un grand nombre d'opinions menacent depuis long-temps les générations à venir, chose qui est constante dès-à-présent sur quelques points et pour quelques localités ;

7°. Ils offrent à haut degré les moyens de salubrifier l'air, de regarnir promptement les montagnes déboisées, de rétablir la régularité des saisons, ou au moins d'en diminuer les irrégularités et l'effet des changemens qui sont remarqués dans les climats des divers points de la France, de prévenir la continuation du trop prompt abaissement des montagnes, les ravages des eaux, etc.

Les pins, plus et plus promptement que toutes les autres essences de bois, peuvent salubrifier l'air, parce que les arbres futaies sont éminemment salubrifians, et parce que leurs émanations balsamiques sont singulièrement favorables à la santé de l'homme. Ils ont d'ailleurs, comme toutes les autres essences à feuilles persistantes, un avantage particulier sur les bois feuillus, sous ce rapport de la salubrité, en ce qu'ils sont en végétation plus ou moins active à-peu-près toute l'année, au lieu que les essences feuillues ne le sont qu'à-peu-près moitié, de manière qu'à cet égard l'avantage est en faveur des pins presque comme deux sont à un.

La culture des pins est un des moyens de devenir riche (1), mais avec cette différence (dont il appartient plus particulièrement au philosophe et à l'homme d'Etat d'apprécier toute l'importance), sur les moyens ordinaires de s'enri-

____

(1) Tellement qu'un propriétaire de cent arpens parisiens de terrains incultes, et plus ou moins impropres à toute autre production, peut, par une modique avance de 2 à 3,000 francs, se flatter d'en être remboursé à quinze ans ; puis de retirer graduellement des profits si considérables que, de trente à cinquante ans de son entreprise, il en obtienne un million de richesses pour lui, et autant pour ceux que, par la nature même des choses, il se trouvera avoir associés à son énorme et honorable bénéfice.

chir, que, dans ceux-ci, c'est le déplacement des richesses qui nous en procure les avantages, en sorte qu'ordinairement on ne devient riche qu'en ôtant aux autres, tandis que le producteur, tel que le créateur de bois et forêts, devient riche en faisant naître des richesses qui n'existaient pas.

Il devient riche non en ôtant aux autres ; il devient riche non pas seul , mais, par la nature même des choses, il enrichit l'Etat et ses concitoyens.

C'est cette distinction-mère entre les moyens de devenir riche, qui a fait dire à M. de la Rochefoucauld-Liancourt, pages 151 à 153 du tome VI : « que l'homme qui emploie son temps et ses fonds à mettre en valeur des terres incultes, fait le bien des autres en faisant le sien. Le bonheur d'autrui est un élément de ses succès et de sa fortune ; quand son établissement a fait des progrès, la masse des produits que donnent ces terres, jadis incultes, devient une vraie richesse pour l'Etat, une nouvelle masse de ressources pour la société consommatrice et commerçante ; c'est pour lui une joie douce, un moyen de bonheur. S'il était bon avant de commencer son entreprise, il est devenu meilleur par les moyens qu'il a employés pour la faire réussir ; son cœur est devenu meilleur, seulement par la pensée du bien qu'il a fait; il est plus heureux. »

Il m'est, je ne dirai pas connu, mais évident, que ces bons effets accompagnent la culture des bois, parce que c'est une création de richesses utiles à soi et à autrui ; que c'est un moyen d'occupation et un moyen de bonheur par les sensations qu'on éprouve à la seule idée du bien qu'on produit. C'est une école de bonnes habitudes, de bonnes mœurs, de bons sentimens et d'élévation dans les idées ; c'est l'exercice de toutes les bonnes qualités que nous puisons dans le commerce de la plus belle moitié du genre humain, lorsque les femmes nous accordent assez d'estime et de bienveillance pour daigner développer en nous le germe des bonnes choses que la nature y a placées, et lorsque nous sommes pénétrés de leurs avantages, si bien décrits par M. de la Rochefoucauld-Liancourt en mille endroits de son voyage aux États-Unis, et notamment pages 290 et 291 du tome Ier., comme ils l'avaient déjà été par M. de Saint-Foix, page 190 du tome II de ses Essais ; par J. J. Rousseau dans son Emile, et par tant d'autres écrivains distingués par leurs belles qualités, leurs talens et leur amour pour le bien-être de leurs semblables.

⁕⁕⁕⁕⁕⁕⁕⁕⁕⁕⁕⁕⁕

Enfin, il y a un point de vue sous lequel on peut envisager la culture des pins, mais qui est si important en économie politique et en administration, que ce n'est qu'avec circonspection que je hasarde d'en parler.

Je veux dire qu'on a été jusqu'à présent généralement dans l'opinion que l'existence des forêts, en France, tient à ce qu'elles restent dans le domaine de l'État, et que leur destruction serait infailliblement la suite de leur aliénation ou de leur possession par des personnes privées.

Cette opinion repose sur l'expérience du passé et sur cette importante considération, que l'État administre les bois pour leurs produits en matière exclusivement à leurs produits en argent, tandis qu'au contraire les particuliers ne les administrent que pour leurs produits pécuniaires.

Mais cet état de choses fondamental de cette opinion est changé, et il n'est plus le même de ce qu'il était dans les siècles passés.

1°. Il résulte du principe des assolemens, qu'on ne peut pas se flatter de perpétuer l'aménagement des bois feuillus en état de futaies aussi long-temps qu'on le voudrait ; aussi l'administration elle-même transforme-t-elle en gaulis plusieurs de ses forêts aménagées jusqu'alors en hautes futaies.

2°. La bonne conservation et le meilleur aménagement des bois et forêts résultent bien de leur possession par l'Etat, sur un bon nombre de points ; mais sur un assez grand nombre d'autres points, ces deux circonstances capitales sont plutôt inférieures dans les bois de l'État qu'égales à ce qu'elles sont dans les bois privés.

Et à l'égard du repeuplement ou de la restauration des bois et forêts, ceux du domaine de l'État n'éprouvent aucune amélioration sensible.

3°. L'administration supérieure s'est souvent écartée, dans l'exécution, de la maxime de ne considérer les bois et forêts que sous le rapport de leur production en matière. Il lui est arrivé bien des fois de les administrer et d'en user sous le rapport de leur produit en argent.

C'est d'ailleurs ce dernier système qui est aujourd'hui en vigueur, puisqu'on s'est déterminé à en aliéner de grandes parties ; qu'on a supprimé leur administration particulière, regardée jusqu'alors comme indispensable à leur

prospérité, et qu'on l'a mise dans les attribu-
tions d'une administration purement et essen-
tiellement financière.

4°. Jusqu'à présent on n'a pas paru croire
qu'il fût possible de créer des bois et forêts, ou
d'en restaurer d'une manière assez promptement
fructueuse, pour que les particuliers aient été
dans le cas de se livrer à ce genre d'entreprises
comme on l'a vu et comme on le voit pour des
desséchemens et pour des canaux. La raison en
est, à ce que me faisait l'honneur de me dire,
en septembre 1814, M. de Choiseuil, préfet,
que, pour les productions alimentaires, les connaissances, l'industrie et la pratique sont au
niveau des lumières du siècle ; mais que, pour
la culture des bois, les connaissances, la pratique et l'industrie sont de beaucoup en arrière.
C'est en effet ce qu'ont exprimé M. de Buffon,
pages 271 et 272, et M. Duhamel, pages 9, 13
et 14 de sa préface.

Mais, s'il était vrai qu'on pût, en créant des
bois et forêts de pins, ou en restaurant les anciens à l'aide de cette essence hâtive et produc-
tive, rentrer promptement dans ses avances,
et se procurer des bénéfices considérables à une
époque qui ne serait plus séculaire, comme on l'a
pensé jusqu'à présent, faute d'y avoir donné

suffisamment d'attention ; alors il est hors de doute que l'industrie humaine se porterait aussi communément sur la culture des bois qu'elle se porte, depuis déjà assez long-temps, sur les desséchemens et sur les canaux. Les particuliers trouvant de grands profits et de grandes jouissances à avoir des bois propres à tous les besoins de la société, il n'y aurait plus sujet de craindre la négligence de leur culture, ni les coupes anticipées, ni la disette, ni même l'insuffisance. Il n'y aurait plus par conséquent sujet de s'inquiéter de la déviation de l'ancien système sur l'aliénation des forèts, et sur leur gestion par une administration purement financière.

Ce que M. Dralet rapporte en son Traité des forèts d'arbres résineux, notamment aux pages 151, 248, 249 et 250, sur les produits des bois-futaies de l'État, comparativement aux produits de pareils bois appartenans aux personnes privées, est une chose bien importante, bien grave et d'un grand poids, puisqu'il en résulte que, sous le double rapport du produit en matière et du produit en argent, les bois, dans les mains des particuliers, sont incomparablement plus productifs que ceux du domaine. Pour les personnes qui croiront à la généralité des exemples cités par M. Dralet, il sera évident que, dans l'état actuel de la société, il n'y aurait qu'à gagner à renoncer franchement à l'ancien système de la possession des bois et forêts en faveur du domaine public.

FIN.

TABLE

DES CHAPITRES ET MATIÈRES.

FIN DE LA TABLE DES CHAPITRES ET MATIÈRES.

ERRATA.

Page 18, ligne 9, cette phrase : je citerai cependant....,
devrait être à la ligne.

Page 92, ligne 5, le travail , *lisez :* ce travail.

Page 150, ligne 4, de le traiter , *lisez :* d'en reparler.

Page 214, ligne dernière, des cônes de pommes, *lisez :*
des cônes ou pommes.

Page 264, ligne 16, ils offrent à haut degré , *lisez :* ils
offrent à un haut degré.